Fundamentals of Artificial Intelligence

人工智能
基础教程

王忠 谢磊 汪卫星 ◎ 主编

龙腾 杨晓楠 ◎ 副主编

曹春杰 ◎ 主审

人民邮电出版社
北京

图书在版编目（CIP）数据

人工智能基础教程 / 王忠，谢磊，汪卫星主编. --
北京 : 人民邮电出版社，2023.7
工业和信息化精品系列教材. 人工智能技术
ISBN 978-7-115-61537-4

Ⅰ. ①人… Ⅱ. ①王… ②谢… ③汪… Ⅲ. ①人工智
能—教材 Ⅳ. ①TP18

中国国家版本馆CIP数据核字(2023)第056253号

内 容 提 要

本书主要讲述人工智能的基础理论与案例实践。全书共 9 章，分别为人工智能概述、积木编程、计算机视觉、自然语言处理、机器学习、自动驾驶、智能机器人、人工神经网络与深度学习、专家系统。本书内容丰富，讲解细致，力求让读者全面地了解人工智能相关内容。本书还引入了人工智能通识课程教学平台——SenseStudy·AI 实验平台来展现相关技术应用，通过理论与实践相结合的方式使读者加深对相关内容的理解。

本书可作为高职高专院校、中等职业学校人工智能公共基础课程的教材，也可以作为电子信息、计算机相关专业的人工智能课程入门教材。

◆ 主　编　王　忠　谢　磊　汪卫星
　副主编　龙　腾　杨晓楠
　主　审　曹春杰
　责任编辑　赵　亮
　责任印制　王　郁　焦志炜
◆ 人民邮电出版社出版发行　　北京市丰台区成寿寺路 11 号
　邮编　100164　电子邮件　315@ptpress.com.cn
　网址　https://www.ptpress.com.cn
　三河市君旺印务有限公司印刷
◆ 开本：787×1092　1/16
　印张：12.75　　　　　　　　　　2023 年 7 月第 1 版
　字数：319 千字　　　　　　　　 2023 年 7 月河北第 1 次印刷

定价：49.80 元

读者服务热线：(010)81055256　印装质量热线：(010)81055316
反盗版热线：(010)81055315
广告经营许可证：京东市监广登字 20170147 号

前　言

　　人工智能技术是引领未来的战略性技术，正在对社会经济发展和人类生活产生深远的影响，目前，世界各国在战略层面上都对人工智能予以了高度关注。随着科研机构大量涌现、科技巨头大力布局、新兴企业迅速崛起，人工智能技术开始广泛应用于各行各业，展现出可观的商业价值和巨大的发展潜力。

　　党的二十大报告提出，要推动战略性新兴产业融合集群发展，构建新一代信息技术、人工智能等一批新的增长引擎。中华人民共和国教育部印发的关于《高等学校人工智能创新行动计划》的通知中也明确提出了完善人工智能领域人才培养体系，推动人工智能教材和在线开放课程建设，特别是人工智能基础、机器学习、神经网络、模式识别、计算机视觉、知识工程、自然语言处理等主干课程的建设，将人工智能纳入大学计算机基础教学内容的要求。在高等职业教育层面普及开展人工智能基础教育已势在必行。为此，我们对高等职业院校人工智能通识教育进行了积极地探索和研究，基于高等职业教育的特点编写了本书。

　　本书系统地阐述了人工智能的基本原理、实现技术及其应用，全面介绍了国内外人工智能研究领域的最新进展和发展方向。通过对本书的学习，读者可以较为全面地了解人工智能领域的基本现状，提升在"人工智能时代"必备的基本素养和思维能力。

　　本书最大的特点是紧跟人工智能主流技术及应用，基础知识与案例实践相结合，教材引入人工智能头部企业商汤科技的人工智能通识课程教学平台——SenseStudy·AI 实验平台作为实践教学平台，通过平台实验将抽象问题简单化、游戏化，由浅入深地引导学生不断深入学习，感悟人工智能的魅力，培养学习兴趣。

　　本书由王忠、谢磊、汪卫星担任主编，龙腾、杨晓楠担任副主编。本书第 1 章由王忠、汪卫星编写，第 2 章由陈彬编写，第 3 章由杨晓楠编写，第 4 章由林丽姝编写，第 5 章和第 8 章由董长春编写，第 6 章由谢磊编写，第 7 章由龙腾编写，第 9 章由刘树林编写，全书由曹春杰主审。

　　由于编者水平有限，书中难免存在疏漏和不足之处，恩请广大读者批评指正。

编者

2023 年 2 月

目　　录

第 1 章　人工智能概述

第 4 章 自然语言处理

第 7 章 智能机器人

第 8 章 人工神经网络与深度学习

第 9 章　专家系统

第1章
人工智能概述

01

人工智能（Artificial Intelligence，AI）是研究如何使用计算机来模拟人类思维过程和智能行为（如学习、推理、思考、规划等）的学科，它是计算机学科的一个分支。其研究涉及信息论、控制论、自动化、仿生学、生物学、心理学、数理逻辑、语言学、医学和哲学等多门学科。主要内容包括：知识表示、自动推理和搜索方法、机器学习和知识获取、知识处理系统、自然语言理解、计算机视觉、智能机器人、自动程序设计等。当前，人工智能已经成为引领新一轮科技革命和产业变革的重要驱动力，成为影响人类发展和国家竞争力的重要因素。

本章要点

- 人工智能的基本概念
- 人工智能的发展历程
- 人工智能的主流学派
- 人工智能的典型技术
- 人工智能的应用现状

1.1 人工智能的基本概念

人工智能从字面上看，可以分为"人工"和"智能"两部分。"人工"比较好理解，可以表达为系统内的个体根据人为的、预先编排好的规则或计划好的方向运作，以实现或完成系统内各个体不能单独实现的功能、性能与结果。"智能"是个体有目的地行动、合理地思考以及有效地适应环境的综合性能力，即个体认识客观事物和运用知识解决问题的能力。人类个体的智能是一种综合性能力，包括（1）感知和认识客观事物、客观世界以及通过学习取得经验和积累知识的能力；（2）理解知识、运用知识及经验分析问题和解决问题的能力；（3）联想、推理、判断和决策的能力；（4）运用语言进行抽象和概括的能力；（5）发现、发明、创造和创新的能力；（6）实时地、迅速地和合理地应付复杂环境的能力；（7）预测和洞察事物发展变化的能力等。需要特别指出的是，智能是相对的、发展的，如果离开特定时间叙述智能是困难的、没有意义的。

通常，按照能力水平高低，即是否能真正实现推理、思考和解决问题，可以将人工智能分为弱人工智能（Artificial Narrow Intelligence，ANI）、强人工智能（Artificial General Intelligence，AGI）和超人工智能（Artificial Super Intelligence，ASI）三大类。

1.1.1 弱人工智能

弱人工智能是指不能真正实现推理和解决问题的人工智能。弱人工智能只专注于完成某个特定的任务，例如语音识别、图像识别和机器翻译，是擅长单个方面的人工智能，类似高级仿生学。它们只用于解决特定类的问题，并从中归纳出模型。弱人工智能可以认为是一个优秀的数据处理工具。谷歌的阿尔法狗（AlphaGo）和 AlphaGo Zero 就是典型的弱人工智能，尽管它们能战胜围棋领域的世界级冠军，但是 AlphaGo 和 AlphaGo Zero 也仅会下围棋，例如在硬盘上存储和处理数据等其他领域就不是它们的强项了。

目前大部分人工智能还都是实现特定功能的专用智能，如语音识别、图像处理、机器翻译等，这些人工智能无法像人类智能那样能够不断适应复杂的环境并不断培养新的能力，因此都还是弱人工智能。尽管如此，人类在这些领域取得的成果使机器在一些专用智能方面甚至已经接近或超越人类自身的水平。弱人工智能应用范围非常广泛，但因为比较"弱"，因此很多人没有意识到它们就是人工智能。如手机的自动拦截骚扰电话、邮箱的自动过滤，以及机器人下围棋等，其实都属于弱人工智能的应用。

1.1.2 强人工智能

强人工智能指智能程度类似人类的人工智能。"强人工智能"一词最初是约翰·罗杰斯·瑟尔（John Rogers Searle）针对计算机和其他信息处理机器创造的，强人工智能希望建构出的系统架构可媲美人类，让机器获得自适应能力，解决一些弱人工智能不能处理的问题，可以思考并做出适当反应，真正具有人工智能。

强人工智能有真正推理和解决问题的能力，具备强人工智能的机器被认为是有知觉的、有自我意识的。这类机器可分为类人与非类人两大类。前者指的是机器的思考和推理类似人类，后者指的是机器产生了和人完全不一样的知觉和意识，使用和人完全不一样的推理方式。强人工智能不仅在哲学上存在争议，在技术上也具有极大的挑战性。仅靠符号主义、连接主义和行为主义等几个流派的经典路线很难设计并制造出强人工智能。这是因为人类对自身智能的认识还处在初级阶段，在人类真正理解智能机理之前，不可能制造出强人工智能。理解大脑产生智能的机理是脑科学的终极目标，绝大多数脑科学专家都认为这是一个数百年乃至数千年都无法达到的目标。

关于强人工智能的讨论引发了一连串哲学争论。争论的焦点是：如果一台机器的唯一工作原理就是转换编码数据，那么这台机器究竟有没有思维？约翰·罗杰斯·瑟尔认为机器是不可能有思维的。如果机器只能转换数据，而数据本身是对某些事情的一种编码表现，那么若不理解这一编码和实际事情之间的对应关系，机器就不可能对其处理的数据有任何理解。基于这一观点，约翰·罗杰斯·瑟尔认为即使有机器通过了图灵测试，也不一定说明机器就真的像人一样有思维和意识。也有哲学家持不同的观点，丹尼尔·丹尼特认为，人也不过是一台有灵魂的机器而已，他认为上述的数据转换机器是有可能有思维和意识的。

1.1.3 超人工智能

英国哲学家、知名人工智能思想家尼克·博斯特罗姆（Nick Bostrom）把超人工智能表述为"在几乎所有领域都比最聪明的人类聪明很多，包括科学创新、通识和社交技能"。超人工智能计算和思维能力已经远超人脑，此时的人工智能已经不是人类可以理解和想象的，人工智能将打破人脑受到的维度限制，其所观察和思考的内容可能人脑已经无法理解。

当前，人类已经在弱人工智能领域取得巨大突破。人工智能未来的目标是研究如何使现有的计算机更聪明，使它能够运用知识去处理问题，能够模拟人类的智能行为。如推理、思考、分析、决策、预测、理解、规划、设计和学习等；使计算机具有看、听、说、写等感知和交互功能，具有联想、推理、理解、学习等高级思维能力，以及分析问题、解决问题和发明创造的能力。简而言之，就是使计算机像人一样具有自动发现规律和利用规律的能力，或具有自动获取知识和利用知识的能力，从而扩展和延伸人的智能。

1.2 人工智能的发展历程

人工智能诞生于 20 世纪中叶。国外人工智能技术研究及应用发展经历了三次"浪潮"和两次"寒冬"，人工智能在我国的发展则主要从 20 世纪 70 年代末期开始起步，并蓬勃发展于 21 世纪初，现已上升到国家战略层面。

1.2.1 国外发展历程

1. 第一波"浪潮"

1950 年，马文·明斯基（Marvin Lee Minsky）与他的同学邓恩·埃德蒙（Dunn Edmund）一起建造了一台名为"Snare"的学习机，这是世界上第一个神经网络模拟器，其功能是学习如何穿过迷宫，其组成中包括 40 个"代理（Agent，国内资料也会把它译为智能体）"和一个对成功给予奖励的系统，这被看作人工智能的一个起点。同年，被称为"计算机之父""人工智能之父"的艾伦·图灵（Alan Turing）提出了一个举世瞩目的想法——图灵测试。按照艾伦·图灵的设想：如果一个人与某个对象进行文本交互时，不能区分他的对话对象到底是人类还是机器的话，那么可认为这台机器是智能的。

1956 年，被认为是人工智能元年。这一年夏天，在美国新罕布什尔州的汉诺威小镇，达特茅斯学院年仅 29 岁的教师约翰·麦卡锡（John McCarthy），说服了克劳德·艾尔伍德·香农（Claude Elwood Shannon）、马文·明斯基和 IBM 公司的纳撒尼尔·罗切斯特（Nathaniel Rochester），共同组织了一次研讨会（即达特茅斯会议）。参加会议的共有 10 名代表，其中包括来自卡内基理工学院（现在的卡内基梅隆大学）的赫伯特·亚历山大·西蒙（Herbert Alexander Simon）和艾伦·纽厄尔（Allen Newell）、来自普林斯顿大学的特伦查德·莫尔（Trechard More）、来自 IBM 公司的亚瑟·塞缪尔（Arthur Samuel）和来自麻省理工学院的雷·所罗门诺夫（Ray Solomonoff）和奥利弗·塞尔弗里奇（Oliver Selfridge）。这些代表聚在一起共同研究了两个月，目标是"精确、全面地描述人类的学习和其他智能，并制造机器来模拟"。这次达特茅斯会议被公认为人工智能这一学科的起源。研讨会上，约翰·麦卡锡首次提出了"人工智能"的概念，艾伦·纽厄尔和赫伯特·亚历山大·西蒙展示了编写的逻辑理论机器，马文·明斯基则提出了"智能机器能够根据问题从抽象模型中寻找解决方法"的论述。图 1-1 所示为达特茅斯会议合影。

图 1-1　达特茅斯会议合影

　　1956 年至 1973 年，人工智能技术获得了长足的发展。这一时期的标志性成果有赫伯特·亚历山大·西蒙提出的物理符号系统、亚瑟·塞缪尔编写的西洋跳棋程序及主要算法、伯特兰·罗素（Bertrand Russell）《数学原理》中所有定理被证明、第一个能够与人互动的聊天机器人 Eliza 诞生、带有视觉传感器并能够抓取积木的移动机器人 Shakey 发布等，这一系列成果将人工智能推上了一个高峰。受到显著成果和乐观精神驱使，很多美国知名大学都很快建立了人工智能项目及实验室，同时获得了来自美国国防部高级研究计划署（Advanced Research Projects Agency，ARPA）等政府机构提供的大量研发资金。人工智能技术被广泛应用于数学和自然语言识别领域，以解决代数、几何证明和语言识别与分析等问题。

　　2．第一次"寒冬"

　　1974 年至 1980 年，人工智能技术遭遇第一次"寒冬"。迅速发展的人工智能虽然取得了一些瞩目成果，但当人们进行了深入的研究后，发现人工智能研究碰到的困难比想象的要多得多。例如，在机器翻译方面，词到词的词典映射法没有成功。在神经网络技术方面，电子线路模拟人脑神经元没有成功等。由于科研人员在研究中对项目难度预估不足，不仅导致与 APRA 的合作计划失败，还给人工智能的发展蒙上了一层阴影。与此同时，来自社会舆论的压力也开始慢慢压向人工智能，导致很多研究经费被转移。当时人工智能面临的技术瓶颈主要有 3 个方面：第一，计算机性能不足，导致早期很多程序无法在人工智能领域得到应用；第二，只能解决复发性低的问题，早期人工智能程序主要用来解决特定问题，因为特定问题对象少，复杂性低，解决起来相对容易，可一旦问题复杂性变高，程序立刻就不堪重负了；第三，数据量严重不足，当时不可能找到足够大的数据库来支撑程序进行深度学习，这很容易导致机器无法读取足够的数据进行智能化。随着公众热情的消退和投资的大幅削减，人工智能进入了第一次"寒冬"。

　　3．第二波"浪潮"

　　在经历了第一次"寒冬"之后，研究人工智能的专家开始进行反思。他们发现只"告诉"机器求解问题的方法或者解题的思路是不够的，还需要为机器引入知识。思考一下人类对问题的求解过程就会知道，仅仅知道方法和规则，而没有相应的知识和经验的积累是不行的。人工智能专家认识到这一点后，就开始为人工智能引入知识。1977 年，在第五届国际人工智能联合会议上，人工智能专家爱德华·费根鲍姆（Edward Feigenbaum）教授系统地阐述了专家系统的思想，并提出了"知识工程"的概念。这一概念使人工智能的研究有了新的转折点，即从获取智能的基于能力的方法研究，变成了基于知识的方法研究。知识工程的方法很快渗透到人工智能的各个领域，促使人工智能从实验室研究走向实际应用。在爱德华·费根鲍姆的带领下，人工智能开辟了一个新的领域——专家系统。

所谓"专家系统"就是利用计算机化的知识进行自动推理，从而模仿领域专家解决问题。1980年，卡内基梅隆大学为美国数字设备公司设计了一个名为"XCON"的专家系统，这个系统可以根据客户的计算机购买需求，给出满足客户需求的解决方案，包括组装计算机所需的中央处理器、操作系统、存储器等组件的型号或版本，给出一个系统配置清单，以及各组件的装配图等。硬件工程师可以直接根据清单和装配图进行组装。XCON当时每年可为美国数字设备公司节省大量资金，其商业价值激发了工业界对专家系统的热情。20世纪80年代初，日本计划研发第五代计算机项目，预期实现具有与人对话、翻译语言、解释图像、推理能力的专家系统。与此同时，神经网络模型也有所突破，约翰·霍普菲尔德（John Hopfield）提出了连续和离散的霍普菲尔德神经网络模型。从1981年到1987年，由于引入了"知识"，人工智能迎来了第二波"浪潮"。

4. 第二次"寒冬"

好景不长，持续7年左右的第二次人工智能繁荣发展期很快就接近了尾声。1987年，人工智能遭遇了其发展史上的第二次"寒冬"，由于专家系统仅局限于某些特定场景，后期维护费用也比较高，而且苹果和IBM公司生产的台式机性能都超过了Symbolics等厂商生产的通用型计算机，专家系统自然风光不再。同时，神经网络的设计一直缺少相应严格的数学理论支持，无法对前层进行有效的学习，软件发展遇到瓶颈，日本的第五代计算机项目宣告失败，这些事实让人们从对专家系统的狂热追捧中一步步走向失望。美国国防部高级研究计划局（Defence Advanced Research Projects Agency，DARPA）认为人工智能并非下一个浪潮，降低了对人工智能领域的研究经费支持，人工智能进入第二次"寒冬"。

人工智能再次进入"寒冬"的主要原因是技术本身的实现支撑不起足够多的应用。当一种技术没有在商业中深度渗透，也没有坚实的理论基础让人看到高额投入会有高额产出，且自身又需要较多的研究资源时，那么它"遇冷"的可能性就会变得极大。

5. 第三波"浪潮"

20世纪80年代，人们认识到如果让计算机自己学习知识，而不是让专家设计知识，就可以很好地解决知识获取的问题。于是，机器学习（Machine Learning，ML）成为了人们关注的焦点。这一时期，人工智能专家开始引入不同学科的教学工具，为人工智能和其他学科的交流与合作打通了渠道。20世纪末到21世纪初期，随着数据爆发式的增长、计算能力的大幅提升以及深度学习算法的发展和日益成熟，人工智能迎来了第三波"浪潮"。算力的问题通过分布式计算方式解决；而基于多层神经网络模型的深度学习技术不断成熟，算法层面也不断取得突破；随着大数据分析技术的发展，机器采集、存储、处理数据的水平有了大幅提高。人工智能领域头部企业围绕数据建设行业开放创新平台，聚集了一大批研发和应用企业，人工智能生态圈开始繁荣。

这一时期，人工智能曾多次击败过人类。1997年，IBM公司研发的深蓝战胜了国际象棋世界冠军加里·卡斯帕罗夫（Garry Kasparov），成为首个在标准比赛时限内击败国际象棋世界冠军的人工智能，这是一次具有里程碑意义的成功，代表了基于规则的人工智能的胜利；2009年，洛桑瑞士联邦理工学院牵头的"蓝脑计划"成功用计算机模拟了鼠脑的部分神经网络；2011 年，沃森（Watson）作为 IBM 公司开发的使用自然语言回答问题的人工智能程序参加美国智力问答节目，打败了两位人类冠军，赢得了 100 万美元的奖金；2016 年，谷歌旗下 Deep Mind 公司开发的 AlphaGo 以 4:1 的成绩战胜围棋世界冠军李世石；2017 年，AlphaGo 化身为 Master，再次出战横扫棋坛，让人类见识到了人工智能的强大。

这一系列令人震惊的事件让人工智能受到了世界各国的关注，一些政府和商业机构纷纷把人工智能列为未来发展战略的重要部分。2016 年，美国白宫先后发布了《为人工智能的未来做好准备》《国家人工智能研究与发展战略计划》《人工智能、自动化及经济》等关于人工智能的重要报告，不断加深对人工智能的战略关注与支持；法国在 2017 年 4 月制定了《国家人工智能战略》；日本积极谋划建设以人工智能为核心的超智能社会，并在 2017 年出台了《人工智能研究开发目标和产业化路线图》，建设国家级人工智能平台；德国于 2018 年 7 月通过了《联邦政府人工智能战略要点》文件，旨在推动德国人工智能研发和应用达到全球领先水平；英国发布了《人工智能 2020 国家战略》和《英国机器人及人工智能发展路线图》，将人工智能技术列为最重要的八大技术之一，并加大政府投入，促进了人工智能初创企业的孵化和科研成果的转化。

第三波人工智能"浪潮"与前两次"浪潮"有着明显的不同：前两次人工智能浪潮主要是由学术界提出，并在劝说、游说政府和投资人投钱，基本停留在理论层面，而这次人工智能"浪潮"是以解决问题为目的，即已上升到商业模式层面。

1.2.2　国内发展历程

我国的人工智能发展历程基本可以概括为发展起步期、稳步发展期、蓬勃发展期和全面推进期。

1. 发展起步期

1978 年 3 月，全国科学大会在北京召开。会上提出"向科学技术现代化进军"的总动员令，促进了我国科学事业的发展，使我国科学事业迎来了"春天"。我国开始派遣大批留学生赴发达国家学习研究现代科技，其中就包括了人工智能和模式识别等学科领域。

20 世纪 80 年代初期，钱学森等科学家主张开展人工智能研究，中国的人工智能研究活跃了起来。

1982 年，中国人工智能学会刊物《人工智能学报》在长沙创刊，成为国内首份人工智能学术刊物。

2. 稳步发展期

20 世纪 80 年代中期，我国的人工智能发展逐步稳定。1984 年全国智能计算机及其系统学术讨论会、1985 年全国首届第五代计算机学术研讨会顺利召开。1986 年智能计算机系统、智能机器人和智能信息处理等重大项目均被列入国家高技术研究发展计划（863 计划）。同年，清华大学校务委员会经过 3 次讨论后，决定出版《人工智能及其应用》。

1987 年 7 月，《人工智能及其应用》公开出版，成为国内首部具有自主知识产权的人工智能专著。同年，《模式识别与人工智能》杂志创刊。此后，中国首部人工智能、机器人学和智能控制著作分别于 1987 年、1988 年和 1990 年先后问世。1989 年，首次中国人工智能联合会议（China Joint Conference on Artificial Intelligence，CJCAI）召开。

3. 蓬勃发展期

进入 21 世纪后，更多的人工智能与智能系统研究课题获得国家自然科学基金重点和重大项目、国家高技术研究发展计划（863 计划）和国家重点基础研究发展计划（973 计划）项目、科技部科技攻关项目、工信部重大项目等各种国家基金计划支持，并与我国国民经济和科技发展的重大需求相结合，力求为国家做出更大贡献。这方面的研究项目很多，代表性的研究有视觉与听觉的认知计算、面向 Agent 的智能计算机系统、中文智能搜索引擎关键技术、智能化农业专家系统、虹膜识别、语音识别、人工心理与人工情感、基于仿人机器人的人机交互与合作、工程建设中的智能辅助决策系统、未知环境中移动机器人导航与控制等。

2006 年 8 月，中国人工智能学会联合其他学会和有关部门，在北京举办了"庆祝人工智能学科诞生 50 周年"大型庆祝活动。活动上，中国人工智能学会主办了首届中国象棋计算机博弈锦标赛暨首届中国象棋人机大战。东北大学的"棋天大圣"象棋软件获得机器博弈冠军；"浪潮天梭"超级计算机以 11:9 的成绩战胜了中国象棋大师。这些赛事的成功举办，彰显了我国人工智能科技的长足进步，也向公众进行了一次深刻的人工智能基本知识普及教育。主办者认为，在这次中国象棋人机大战中，无论赢家是人类大师还是超级计算机，都是人类智慧的胜利。同年，《智能系统学报》创刊，这是继《人工智能及其应用》和《模式识别与人工智能》之后国内第 3 份人工智能类期刊，为国内人工智能学者和高校师生提供了一个学术交流平台，对中国人工智能研究与应用起到促进作用。

2009 年，中国人工智能学会牵头组织向国务院学位委员会和教育部提出增设"智能科学与技术"学位授权一级学科的建议。该建议指出：现在信息化向智能化迈进的趋势已经显现；因此，今天培养的智能科学技术高级人才大军，正好赶上明天信息化向智能化大规模迈进的需要。为此，一个紧迫的建议就是：为了适应信息化向智能化迈进的大趋势，为了实现建设创新型国家的大目标，在我国学位体系中增设智能科学与技术博士和硕士学位授权一级学科。这个建议凝聚了我国广大人工智能教育工作者的心智、心血和他们的远见卓识，对我国人工智能学科建设具有十分深远的意义。

4. 全面推进期

2014 年 6 月 9 日，习近平总书记在中国科学院第十七次院士大会、中国工程院第十二次院士大会开幕式上发表重要讲话："由于大数据、云计算、移动互联网等新一代信息技术同机器人技术相互融合步伐加快，3D 打印、人工智能迅猛发展，制造机器人的软硬件技术日趋成熟，成本不断降低，性能不断提升，军用无人机、自动驾驶汽车、家政服务机器人已经成为现实，有的人工智能机器人已具有相当程度的自主思维和学习能力……我们要审时度势、全盘考虑、抓紧谋划、扎实推进。"这是党和国家最高领导人对人工智能和相关智能技术的高度评价，是对开展人工智能和智能机器人技术开发的庄严号召和大力推动。

2015 年，在第十二届全国人民代表大会第三次会议上提出："人工智能技术将为基于互联网和移动互联网等领域的创新应用提供核心基础。未来人工智能技术将进一步推动关联技术和新兴科技、新兴产业的深度融合，推动新一轮的信息技术革命，势必将成为我国经济结构转型升级的新支点。"这是对人工智能技术的重要作用给予的充分肯定，是对人工智能的有力促进。2015 年 5 月，国务院发布《中国制造 2025》，部署全面推进实施制造强国战略，这是中国实施制造强国战略第一个十年的行动纲领。

2016 年 4 月，工业和信息化部、国家发展改革委、财政部三部委联合印发了《机器人产业发展规划（2016-2020 年）》，为"十三五"期间中国机器人产业发展描绘了清晰的蓝图。该发展规划提出的大部分任务，如智能生产、智能物流、智能工业机器人、人机协作机器人、消防救援机器人、手术机器人、智能型公共服务机器人、智能护理机器人等，都需要采用各种人工智能技术。2016年 5 月，国家发展改革委和科技部等联合印发《"互联网+"人工智能三年行动实施方案》，明确未来 3 年智能产业的发展重点与具体扶持项目，进一步体现出人工智能已被提升至国家战略高度。《中国制造 2025》《机器人产业发展规划（2016—2020 年）》和《"互联网+"人工智能三年行动实施方案》的发布与施行，体现了中国已把人工智能技术提升到国家发展战略的高度，为人工智能的发展创造了前所未有的优良环境，也赋予人工智能艰巨而光荣的历史使命。

2017 年 7 月，国务院印发《新一代人工智能发展规划》，提出新一代人工智能发展分三步走的战略目标。

2018 年 1 月 18 日，中国国家标准化管理委员会宣布成立国家人工智能标准化总体组、专家咨询组，负责全面统筹规划和协调管理我国人工智能标准化工作，并发布了《人工智能标准化白皮书（2018 版）》。2019 年，人工智能连续三年被写入我国政府工作报告，报告提出要打造工业互联网平台，拓展"智能+"，为制造业转型升级赋能。

2019 年 5 月 16 日，国际人工智能与教育大会在北京召开。会上强调，我国高度重视人工智能对教育的深刻影响，积极推动人工智能和教育深度融合，促进教育变革创新，充分发挥人工智能优势，加快发展伴随每个人一生的教育、平等面向每个人的教育、适合每个人的教育、更加开放灵活的教育。中国愿同世界各国一道，聚焦人工智能发展前沿问题，深入探讨人工智能快速发展条件下教育发展创新的思路和举措，凝聚共识、深化合作、扩大共享，携手推动构建人类命运共同体。

当前，我国部分人工智能技术处于世界领先水平，部分人工智能技术已实现重大突破。其中，我国在语音识别、计算机视觉（Computer Vision，CV）、自然语言处理（Natural Language Processing，NLP）等部分人工智能技术方面的发展得较为成熟，处于世界领先地位。中国科学院自动化研究所谭铁牛团队全面攻克虹膜识别领域的成像装置、图像处理、特征抽取、识别检索、安全防伪等一系列关键技术难关，建立了虹膜识别比较系统的计算理论和方法体系，还建成了目前国际上规模最大的共享虹膜图像库。

1.3　人工智能的主流学派

若从 1956 年正式提出人工智能算起，人工智能的研究和发展已有 60 多年的历史。这期间，不同学科背景的学者对人工智能做出了各自的解释，提出了不同的观点，由此产生了不同的学术流派。其中对人工智能研究影响较大的主要有符号主义、连接主义和行为主义三大学派。

1.3.1　符号主义学派

符号主义学派，又称为逻辑主义学派，其原理主要为物理符号系统（即符号操作系统）假设和有限合理性原理。这个学派的代表人物有艾伦·纽厄尔、赫伯特·亚历山大西蒙和尼尔逊（Nilsson）等。符号主义学派在人工智能研究中，强调的是概念化知识表示、模型论语义、演绎推理等。约翰·麦卡锡主张任何事物都可以用统一的逻辑框架来表示，在常识推理中以非单调逻辑为中心。

符号主义学派认为人工智能源于数学逻辑。数学逻辑从 19 世纪末开始就获得迅速发展，到 20 世纪 30 年代开始用于描述智能行为。计算机出现后，又在计算机上实现了逻辑演绎系统。该学派认为人认知和思维的基本单元是符号，而认知过程就是基于符号表示的一种运算。符号主义学派致力于用计算机的符号操作来模拟人的认知过程，其实质就是模拟人左脑的抽象逻辑思维，通过研究人认知系统的机理，用某种符号来描述人的认知过程，并把这种符号输入能处理该符号的计算机，从而模拟人的认知过程，实现人工智能。

1.3.2 连接主义学派

连接主义学派主要原理为神经网络及神经网络间的连接机制与学习算法。连接主义学派认为人工智能源于仿生学，特别是对人脑模型的研究。它的代表性成果是由生理学家沃伦·麦卡洛克（Warren McCulloch）和数理逻辑学家沃尔特·皮茨（Walter Pitts）于 1943 年创立的脑模型，即 MP 模型，开创了用电子装置模仿人脑结构和功能的新途径。它从神经元开始进而研究神经网络模型和脑模型，开辟了人工智能的又一发展道路。

20 世纪 60 年代至 20 世纪 70 年代，连接主义学派，尤其是对以感知机为代表的脑模型的研究出现过热潮，由于受到当时的理论模型、生物原型和技术条件的限制，脑模型研究在 20 世纪 70 年代后期至 80 年代初期进入低潮。直到约翰·霍普菲尔德教授分别在 1982 年和 1984 年发表两篇重要论文，提出用硬件模拟神经网络以后，连接主义学派才又重新"抬头"。1986 年，鲁梅尔·哈特（Rumel Hart）等人提出多层网络中的反向传播算法，使神经网络的相关理论研究取得了突破。此后，连接主义学派势头大振，从模型到算法，从理论分析到工程实现，都为神经网络计算机走向市场打下基础。2006 年，杰弗里·辛顿（Geoffrey Hinton）提出了深度学习算法，使神经网络的能力大大提高。2012 年，使用深度学习技术的 AlexNet 模型在 ImageNet 竞赛中获得冠军。

1.3.3 行为主义学派

行为主义学派又称为进化主义学派或控制论学派，其原理为基于控制论构建的感知-动作型控制系统。行为主义学派来源于 20 世纪初的一个心理学学派，该学派认为行为是有机体用以适应环境变化的各种身体反应的组合，它的理论目标是预见和控制行为。

20 世纪 80 年代以前，行为主义学派和连接主义学派一样，都被符号主义学派的光芒所掩盖，直到 20 世纪 80 年代诞生了智能控制和智能机器人系统。20 世纪末，行为主义学派正式提出智能取决于感知与行为，以及智能取决于对外界环境的自适应能力的观点。至此，行为主义学派成为一个新的学派，在人工智能的舞台上拥有了一席之地。

行为主义学派以罗德尼·布鲁克斯（Rodney Brooks）等人为代表，认为智能行为只能在现实世界由系统与周围环境的交互过程中表现出来。1991 年，罗德尼·布鲁克斯提出了无须知识表示的智能和无须推理的智能观点。他还以其观点为基础，研制了一种机器虫。该机器虫用一些相对独立的功能单元，分别实现避让、前进、平衡等功能，组成分层异步分布式网络。该学派为机器人研究开创了一种新方法。

该学派的主要观点可以概括如下：首先，智能系统与环境进行交互，即从运行的环境中获取信息（感知），并通过自己的动作对环境施加影响；其次，智能取决于感知和行为，智能系统可以不需要知识、表示和推理，可以像人类智能一样逐步进化；最后，智能行为体现在系统与环境的交互之中，功能、结构和智能行为是不可分割的。

在人工智能的发展过程中，符号主义、连接主义和行为主义等学派不仅先后在各自领域取得了成果，还逐渐走向了相互借鉴和融合发展的道路。特别是在行为主义学派中引入连接主义学派的技术，从而诞生了深度学习技术。

1.4 人工智能的典型技术

人工智能的典型技术主要包括机器学习、自然语言处理、计算机视觉、知识图谱等。

1.4.1 机器学习

机器学习是一门研究如何使用机器（计算机）来模拟人类学习活动的学科，是一门涉及统计学、系统辨识、逼近理论、神经网络、优化理论、计算机科学、脑科学等诸多领域的交叉学科。基于数据的机器学习是现代智能技术的重要方法之一，研究从观测数据出发寻找规律，并利用这些规律对未来数据或无法观测的数据进行预测。

根据学习模式的不同，可以将机器学习分为使用人工标注分类标签训练的监督学习、无分类标签且自动聚类推断的无监督学习、使用少量人工标注分类标签且自动聚类的半监督学习，以及根据现实情况自动"试错+调整"的强化学习（Reinforcement Learning，RL）4 类。

根据学习方法的不同，可以将机器学习分为传统机器学习和深度学习。深度学习是机器学习的分支，但因为其模型结构的不同而与上述 4 种训练方式不在一个范畴。深度学习在训练方式上均可与这 4 种方式发生重叠。

1. 监督学习

监督学习是从给定的训练集中学习出一个函数（模型参数），当新的数据到来时，可以根据这个函数预测结果。监督学习的训练集要求包括输入与输出，也可以说是特征和目标，训练集中的目标是由人标注的。分类问题就是常见的监督学习，它通过已有的训练样本（即已知数据及其对应的输出）去训练得到一个最优模型，再使用这个模型将所有的输入映射为相应的输出，对输出进行简单的判断从而实现分类目的。

监督学习的目标往往是让计算机去学习人们已经创建好的分类系统（模型），典型的监督学习算法包括回归和分类。回归和分类算法的区别在于输出变量的类型，定量输出称为回归，或者说是连续变量预测；定性输出称为分类，或者称为离散变量预测。监督学习要求训练样本的分类标签已知，分类标签精确度越高，样本越具有代表性，学习模型的准确度越高。监督学习在自然语言处理、信息检索、数据挖掘、手写体辨识、垃圾邮件侦测等领域都得到了广泛应用。

2. 无监督学习

现实生活中常常会碰到这样的问题：由于缺乏足够的经验知识，人工标注类别不准确或进行人工类别标注的成本太高。很自然地，人们希望计算机能代替人们完成这些工作，或至少提供一些帮助，这种根据类别未知（没有被标记）的训练样本解决模式识别中的各种问题的方法，称之为无监督学习。无监督学习目标不是告诉计算机怎么做，而是让它（计算机）自己去学习怎样做事情。无监督学习与监督学习的不同之处在于无监督学习事先没有任何训练样本,而是直接对数据进行建模。换言之,人们提供给计算机大量数据,而不告诉计算机数据的分类方式,计算机通过算法将数据分类,人们只针对最终数据分类进行判别。

典型的无监督学习算法包括单类密度估计、单类数据降维、聚类等。无监督学习不需要训练样本和人工标注数据,便于压缩数据存储,可减少计算量、提升算法速度,还可以避免正、负样本偏移引起的分类错误问题。无监督学习主要用于经济预测、异常检测、数据挖掘、图像处理、模式识别等领域。

3. 半监督学习

若已知数据和部分数据有一一对应的标签,而有一部分数据的标签未知,通过训练一个智能算法,可通过学习已知标签和未知标签的数据,将输入数据映射到标签,也就是用大量的未标记训练数据和少量的已标记数据来训练模型,这样的过程称为半监督学习。半监督学习的基本规律是:数据的分布必然不是完全随机的,通过一些有标签数据的局部特征,以及更多无标签数据的整体分布,就能得到可以接受甚至是非常好的分类结果。虽然用的是大量的未标记训练数据和少量的已标记数据,但无论如何,训练数据量的提高,尤其是高质量、大规模的训练数据对模型的训练效果永远是有正向作用的。常用的半监督学习算法有半监督支持向量机算法等。

4. 强化学习

强化学习是智能算法在没有人为的干预情况下,通过不断的试错来提升任务性能的过程。"试错"的意思是有一个衡量标准,通过某种方法(如奖惩函数)知道是距离正确答案越来越近还是越来越远,强调的是如何基于环境而行动以取得最大的收益。以棋类游戏为例,人们并不知道棋手下一步棋的下法,也不知道哪步棋是制胜的关键,但是人们知道结果是失败还是胜利,如果算法这样走最后的结果是胜利,那么算法就学习记忆;如果算法运行后结果是失败,那么算法就学习以后不这样走。人工智能 AlphaGo 战胜了世界围棋冠军李世石,其背后就是使用了强化学习算法。

5. 传统机器学习

传统机器学习从一些观测(训练)样本出发,试图发现不能通过原理分析获得的规律,实现对未来数据或行为趋势的准确预测。相关算法包括逻辑回归、隐马尔可夫算法、支持向量机算法、贝叶斯算法以及决策树(Decision Tree)算法等。传统机器学习平衡了学习结果的有效性与学习模型的可解释性,为解决有限样本的学习问题提供了一种框架,主要用于有限样本的模式分类、回归分析、概率密度估计等。传统机器学习方法共同的重要理论基础之一是统计学,在自然语言处理、语音识别、图像识别、信息检索和生物信息等许多领域得到了广泛应用。

6. 深度学习

深度学习是建立深层结构模型的学习方法。典型的深度学习算法包括深度信念网络、卷积神经网络(Convolutional Neural Network,CNN)、受限玻尔兹曼机和循环神经网络等。深度学习源于多层神经网络,其本质是给出了一种将特征表示和学习合二为一的方式。深度学习的特点是放弃了可解释性,单纯追求学习的有效性。经过多年的摸索、尝试和研究,已经产生了诸多深度学习的模型,其中卷积神经网络、循环神经网络是两类典型的模型。卷积神经网络常被应用于空间性分布数据;循环神经网络在神经网络中引入了记忆和反馈,常被应用于时间性分布数据。深度学习框架是进行深度学习的基础底层框架,一般包含主流的神经网络算法模型,提供稳定的深度学习应用程序接口(Application Programming Interface,API),支持训练模型在服务器和图形处理器

（Graphic Processing Unit，GPU）、张量处理器（Tensor Processing Unit，TPU）间的分布式学习。部分框架还具备在包括移动设备、云平台在内的多种平台上运行的能力，从而为深度学习算法带来前所未有的运行速度和实用性。目前主流的开源算法框架有飞桨（PaddlePaddle）、TensorFlow、Caffe/Caffe2、CNTK、MXNet、Torch/PyTorch、Theano等。

（1）深度学习框架飞桨。飞桨是一个功能完备的端到端开源深度学习平台，集深度学习训练和预测框架、模型库、工具组件和服务平台为一体，拥有兼顾灵活性和高性能的开发机制、工业级应用效果的模型、超大规模并行深度学习能力、推理引擎一体化设计以及系统化服务支持五大优势，致力于让深度学习技术的创新与应用更简单。

（2）TensorFlow。TensorFlow是一个基于数据流编程（Dataflow Programming）的符号数学系统，被广泛应用于各类机器学习算法的编程实现，其前身是谷歌的神经网络算法库DistBelief。TensorFlow拥有多层级结构，可部署于各类服务器、PC终端和网页，并支持GPU和TPU高性能数值计算，被广泛应用于谷歌内部的产品开发和各领域的科学研究。TensorFlow由谷歌人工智能团队谷歌大脑（Google Brain）开发和维护，拥有包括 TensorFlow Hub、TensorFlow Lite、TensorFlow Research Cloud等在内的多个项目以及各类应用程序接口。

在应用方面，机器学习在指纹识别、特征物体检测等领域的应用基本满足了商业化的要求，而深度学习主要应用于文字识别、语义分析、智能监控等领域，目前在智能硬件、教育、医疗等行业中快速布局；在数据量要求方面，机器学习能够适应各种数据量特别是数据量较小的场景，如果数据量迅速增加，那么深度学习的效果将更加突出；在执行时间方面，一般来说，机器学习算法的执行时间相对较少，而深度学习算法需要大量时间进行训练，这是因为深度学习算法包含更多的参数；在解决问题的方法方面，机器学习算法遵循标准程序解决问题的方法，它将问题拆分成数个部分，分别进行解决，然后将结果结合起来以获得所需的答案，而深度学习以集中方式解决问题，不必进行问题拆分。

目前来看，人工智能应用最广泛的计算机视觉和智能语音更依赖于监督学习下的深度学习方式，半监督和无监督学习是学术界尝试突破的方向，当下主要在无人驾驶中急转弯场景训练等特定领域中得以尝试应用；而强化学习被认为是更接近人类在自然界中学习知识的方式，在最佳路径选择、最优解探寻等方面有所应用，但泛化能力还有待提高。

1.4.2　自然语言处理

自然语言处理是计算机科学领域与人工智能领域中的一个重要方向。它研究实现人与计算机之间用自然语言进行有效通信的各种理论和方法。自然语言通常是指随人类社会发展演变而来的语言。

自然语言处理包含理解、转化、生成等过程。人工智能的自然语言处理是指用计算机对自然语言的形、音、义等信息进行处理，即对字、词、句、篇章的输入、输出、识别、分析、理解、生成等的操作和加工。实现人机间的信息交流是人工智能、计算机科学和语言学所共同关注的重要问题。自然语言处理的具体表现形式包括机器翻译、语音合成、语音识别、文本摘要、文本分类、文本校对、信息抽取等。可以说，自然语言处理就是要计算机理解自然语言。自然语言处理机制涉及两个流程，包括自然语言理解和自然语言生成。自然语言理解是指计算机能够理解自然语言文本的意义，自然语言生成则是指能以自然语言文本来表达指定的意图。

1. 机器翻译

机器翻译是指利用计算机技术实现从一种自然语言到另外一种自然语言的翻译过程。基于统计的机器翻译方法突破了之前基于规则和实例翻译方法的局限性，翻译性能取得了巨大提升。基于深度神经网络（Deep Neural Network，DNN）的机器翻译在日常口语翻译等场景的成功应用显现出了巨大的潜力。随着上下文的语境表征和知识逻辑推理能力的发展，自然语言知识图谱不断扩充，机器翻译将会在多轮对话翻译及篇章翻译等领域取得更大进展。

目前，非限定领域机器翻译中，性能较佳的一种是统计机器翻译，其包括训练及解码两个阶段。训练阶段的目标是获得模型参数，解码阶段的目标是利用所估计的参数和给定的优化目标，获取待翻译语句的最佳翻译结果。统计机器翻译主要包括语料预处理、词对齐、短语抽取、短语概率计算、最大熵调序等步骤。基于神经网络的端到端翻译方法不需要针对双语句子专门设计特征模型，而是直接把源语言句子的词串送入神经网络模型，经过神经网络的运算，得到目标语言句子的翻译结果。在基于端到端的机器翻译系统中，通常采用递归神经网络（Recurrent Neural Network，RNN）或卷积神经网络对句子进行表征建模，从海量训练数据中抽取语义信息，与基于短语的统计翻译相比，翻译结果更加流畅自然，在实际应用中取得了较好的效果。

2. 语音合成

语音合成，又称文语转换，是一种可以将任意输入的文本转换成相应语音的技术，即通过将文本转化成语音，让机器像人类一样"能说会道"。语音合成一般会经过文本与韵律分析、声学处理以及声音合成 3 个步骤，这 3 个步骤分别依赖于文本与韵律分析模型、声学模型以及声码器。

文本与韵律分析模型一般被称为"前端"，声学模型和声码器被称为"后端"。传统的语音合成系统都是相对复杂的系统，例如，前端系统需要较强的语言学背景，由于不同语言的语言学知识差异明显，因此需要特定领域的专家支持。后端系统中的参数系统需要对语音的发声机理有一定的了解，由于传统的参数系统在建模时存在信息损失，因此限制了合成语音表现力的进一步提升，而同为后端系统的拼接系统则对语音数据库要求较高，同时需要人工介入以制定很多的挑选规则和参数。端到端语音合成出现后，只需在合成系统中直接输入文本或者注音字符，系统即可直接输出音频波形。端到端系统降低了对语言学知识的要求，可以很方便地在不同语种上复制，批量实现几十种甚至更多语种的合成系统。

声学模型建立了从文本特征向量到声学特征向量的映射。文本特征向量经过声学模型的处理，会变成声学特征向量。声码器则会将声学特征向量通过反变换得到相应的声音波形，然后依次进行拼接就得到了整个文本的合成语音。声学特征反映了声音信号的一些"关键信息"，反变换则可看作用关键信息还原全量信息。所以，在反变换的过程中有人为"操作"的空间（如参数的调整），从而改变合成语音的语调、语速等。反变换的过程还可以让合成的语音具备特定的音色。例如，录制某个人少量的语音片段，在合成时即可据此调整参数，让合成的语音拥有这个人的音色。

3. 语音识别

语音识别是让机器识别和理解说话人的语音信号内容的新兴学科，是将语音信号转变为文本字符或者命令的智能技术。它利用计算机理解说话人的语义内容，使其听懂人类的语音，从而判断说话人的意图，是一种非常自然和有效的人机交流方式。它是一门综合学科，与很多学科紧密相连，如语言学、信号处理、计算机科学、心理和生理学等。

语音识别首先要对采集的语音信号进行预处理，然后利用相关的语音信号处理方法计算语音的声学参数，提取相应的特征参数，最后根据提取的特征参数得到识别结果。总体上，语音识别包含两个阶段：第一个阶段是学习和训练，即提取语音库中语音样本的特征参数作为训练数据，合理设置模型参数的初始值，对模型各个参数进行重估，使识别系统具有最佳的识别效果；第二个阶段就是识别，将待识别语音信号的特征根据一定的准则与训练好的模板库进行比较，最后通过一定的识别算法得出识别结果。显然，识别结果的好坏与模板库是否准确、模型参数的好坏以及特征参数的选择都有直接的关系。

1.4.3 计算机视觉

计算机视觉是使用计算机模仿人类视觉系统的科学技术，让计算机拥有类似人类提取、处理、理解和分析图像以及图像序列的能力。自动驾驶、机器人、智能医疗等领域均需通过计算机视觉技术从视觉信号中提取并处理信息。根据解决问题的不同，计算机视觉可分为计算成像学、图像理解、三维视觉、动态视觉和视频编解码五大类。

1. 计算成像学

计算成像学是探索人眼结构、相机成像原理以及其延伸应用的科学。在相机成像原理方面，计算成像学不断促进现有可见光相机的改进，使得现代相机更加轻便，可以适用于不同场景。同时，计算成像学也推动着新型相机的诞生，使相机突破可见光的限制。在相机应用方面，计算成像学可以提升相机的能力，通过后续的算法处理使得在受限条件下拍摄的图像更加完善，如图像去噪、去模糊、暗光增强、去雾霾等。

2. 图像理解

图像理解是用计算机系统解释图像，实现类似人类视觉系统理解外部世界的科学。根据理解信息的抽象程度，图像理解通常可分为 3 个层次：浅层理解，包括图像边缘、图像特征点、纹理元素等；中层理解，包括物体边界、区域与平面等；高层理解，根据需要抽取的高层语义信息，可大致分为识别、检测、分割、姿态估计、图像文字说明等。目前高层图像理解算法已广泛应用于人工智能系统，如刷脸支付、智慧安防、图像搜索等。

3. 三维视觉

三维视觉是研究如何通过视觉获取三维信息（三维重建）以及如何理解所获取的三维信息的科学，是计算机视觉与计算机图形学高度交叉的一个重要研究方向。三维信息可以根据重建的信息来源分为单目图像重建、多目图像重建和深度图像重建等。三维信息理解是指使用三维信息辅助图像理解或者直接理解三维信息。三维信息理解可分为 3 层：浅层（如角点、边缘、法向量等）、中层（如平面、立方体等）以及高层（如物体检测、识别、分割等）。三维视觉技术可以广泛应用于机器人、无人驾驶、智能制造、虚拟现实和增强现实等领域。

4. 动态视觉

动态视觉是分析视频或图像序列，模拟人处理时序图像的科学。通常，动态视觉问题可以定义为寻找图像元素（如像素、区域、物体）在时序上的对应，以及提取其语义信息的问题。动态视觉研究被广泛应用在视频分析以及人机交互等方面。

5. 视频编解码

视频编解码是指通过特定的压缩技术，将视频流进行压缩。视频流传输中较为重要的编解码标准有国际电联的 H.261、H.263、H.264、H.265、M-JPEG 和 MPEG 系列标准。视频压缩编码主要分为两大类：无损压缩和有损压缩。无损压缩指使用压缩后的数据进行重构时，重构后的数据与原来的数据完全相同，如磁盘文件的压缩。有损压缩也称为不可逆编码，指使用压缩后的数据进行重构时，重构后的数据与原来的数据有差异，但不会使人们对原始资料所表达的信息产生误解。有损压缩的应用范围广泛，如视频会议、可视电话、视频广播、视频监控等。

目前，计算机视觉技术发展迅速，已具备初步的产业规模。未来计算机视觉技术的发展主要面临以下挑战：一是如何在不同的应用领域与其他技术更好地结合起来，使计算机视觉在解决某些特定问题时更加成熟；二是如何降低计算机视觉算法开发的时间和人力成本。目前，计算机视觉算法需要大量的数据与人工标注，也需要较长的研发周期以满足应用领域所要求的精度与耗时；三是新的成像硬件与人工智能芯片等不断革新，针对不同的芯片与数据采集设备，如何加快新型算法的设计与开发。

1.4.4 知识图谱

知识图谱本质上是结构化的语义知识库，是一种由节点和边组成的图数据结构。它以符号形式描述物理世界中的概念及其相互关系，其基本组成单位是"实体（Entity）-关系（Relation）-实体"三元组，以及实体及其相关的"属性-值"对。不同实体之间通过关系相互连接，构成网状的知识结构。通俗地讲，知识图谱就是把所有不同种类的信息连接在一起而得到的一个关系网络，提供了从"关系"的角度去分析问题的功能。

在知识图谱里，人们通常用"实体"来表示图里的节点、用"关系"来表示图里的"边"。实体指的是现实世界中的事物，如人名、地名、概念等，关系则用来表示实体之间的某种联系（如某人居住在"北京"，张三和李四是"朋友"）。

现实世界中的很多场景非常适合用知识图谱来表示。例如，一个社交网络图谱里，既有"人"的实体，也有"公司"实体。人和人之间的关系可以是"朋友"关系，也可以是"同事"关系，人和公司可以是"现任职"或是"曾任职"关系。

通常，一个完整的知识图谱的构建包含以下几个步骤：定义具体的业务问题；数据的收集和预处理；知识图谱的设计；把数据存入知识图谱；上层应用的开发以及系统的评估。

知识图谱可用于反欺诈、不一致性验证等公共安全保障领域，需要用到异常分析、静态分析、动态分析等数据挖掘方法。知识图谱在搜索引擎、可视化展示和精准营销等方面有很大的优势，已成为业界的热门工具。但是，知识图谱的发展还面临很大的挑战，如数据的噪声问题，即数据本身有错误或者数据存在冗余等。随着知识图谱应用的不断深入，人类还需要突破一系列关键技术。

1.5 人工智能的应用现状

人工智能正在给各行各业带来变革，一方面，将人工智能技术应用到现有的产品中，可以创新产品并扩展新的应用场景；另一方面，人工智能技术的发展正在颠覆部分传统行业，人工智能对人工的替代成为不可逆转的趋势。在新零售领域，大数据与人工智能技术结合，可以提升人脸识别的准确率，商家可以更好地预测每月的销售情况；在交通领域，大数据和人工智能技术结合，并基于大量的交通数据开发的智能交通流量预测、智能交通疏导等人工智能应用可以实现对整个交通网络的智能控制；在健康领域，大数据和人工智能技术的结合，能够提供医疗影像分析、辅助诊疗、医疗机器人等更便捷、更智能的医疗服务。

1.5.1　智能制造

智能制造是一种新型的生产方式，它在新一代"互联网+"技术与先进制造技术深度融合的基础上，贯穿了计划、设计、制造、管理、服务等生产活动的各个环节，具备自感知、自学习、自主认知、自主调节等功能。随着全球新一轮科技革命和产业结构调整的到来，我国制造业正处在转型升级的历史交汇点。智能制造在全球范围内快速成长，已成为制造业主要发展趋势，对产业发展和分工格局带来深刻影响，推动形成新的生产方式、产业形态、商业模式。

在 2019 年华为全联接大会上，海尔、汇萃、中国移动和华为发布了全球首个智慧工厂"5G+机器视觉"联合解决方案，即以 5G+移动边缘计算（Mobile Edge Computing，MEC）能力为网络基础，选取机器视觉作为上层应用，形成端到端的整体解决方案。机器视觉 App 部署到 MEC，实现了云化控制、算法自优化、企业数据不出园区的安全性保障，并突破了传统机器视觉成本高、效率限制和质量不稳定等瓶颈。

1.5.2　智能安防

随着时代发展和安防领域的拓展，传统安防建设过程中频频出现安防设备和技术手段落后、安防产品和系统质量不佳、庞大系统检索困难、信息孤岛导致系统对接难度大等问题。借助人工智能技术，积极推进安防智能化是解决上述问题的有效途径。安防行业主要与图像视频应用相关，其中主要的研究方向有图像或视频中的对象检测和定位、基于视频的目标跟踪，以及基于图像或视频的场景分类、目标场景分析和行为识别。人工智能技术可以通过特征识别实现车牌识别、人脸识别等，通过行为分析技术可以实现人数管控、个体追踪、禁区管控、异常行为分析，自动判断人群的密度和人流的方向，提前发现过密人群带来的潜在危险，帮助工作人员疏导和管理人流等。这些技术能把城市管理者从繁重的工作中"解放"出来，更高效地为大众服务。

1.5.3　智慧农业

通过物联网、人工智能等技术助力农业生产，感知万物生长，让人工智能在云端耕种，让数据带动农业增值。智慧农业解决方案包含构建农业物联网基础设施平台，提供丰富多样的农业场景化应用等。通过物联网感知技术，将动植物、环境等所有信息进行全面地感知和互联，在智能种植、智能水产、智能畜牧、智能养殖、智能植物工厂等农业场景中，利用大数据精细管理农业生产，提供从生产到销售、从农田到餐桌的全流程解决方案，提升农业效益，推动农业生产标准化、数字化和智能化发展进程。

1.5.4　智慧医疗

智慧医疗是新一代信息技术和人工智能技术在医疗上的应用。它把物联网技术、云计算技术、移动通信技术、人工智能技术，以及对不同来源和种类的数据进行融合的技术应用在医疗上，从而对有限的医疗资源实现最大程度的整合。

目前，世界各国的诸多研究机构都投入很大的研发精力开发对医学影像进行自动分析的技术。"人工智能+医学影像"被认为是最具发展前景的领域之一。人工智能技术在肿瘤检出、定性诊断、自动结构化报告、肿瘤提取、肿瘤放疗靶区勾画等方面已有较多的临床研究和临床应用。另外，具有良好发展前景的领域还包括"人工智能+辅助诊疗"，即将人工智能技术应用于辅助诊断中，让机器学习医生的医疗知识，进一步地通过模拟医生的思维和诊断推理来解释病症原因，最后给出可靠的诊断结果和治疗方案。

随着智慧医疗技术的进步，人工智能将不仅能为医生提供更直接和精准的诊断和治疗建议，而且可以为每个人提供健康建议和疾病风险预警，从而让人们更加健康。

1.5.5 智能物流

物流业是国民经济基础性、战略性、先导性和服务性产业。智能物流是利用集成智能化技术，使物流系统能模仿人的智能，具有思维、感知、学习、推理、判断和自行解决物流中某些问题的能力。

智能物流利用条形码、射频识别技术、传感器、全球定位系统等物联网技术，通过信息处理和网络通信技术平台广泛应用于物流业运输、仓储、配送、包装、装卸等基本环节，实现货物运输过程的自动化运作和高效管理，从而提高物流行业的服务水平，降低成本，减少自然资源和社会资源消耗。物联网为物流业将传统物流技术与智能化系统运作管理相结合提供了一个很好的平台，进而能够更好、更快地实现智能物流的信息化、智能化、自动化、透明化、系统化的运作模式。

智能物流在实施过程中强调的是物流过程数据智慧化、网络协同化和决策智慧化。智能物流在功能上要实现 6 个"正确"，即正确的货物、正确的数量、正确的地点、正确的质量、正确的时间、正确的价格；在技术上要实现物品识别、地点跟踪、物品溯源、物品监控、实时响应等。

2019 年年末，京东智能物流中心——东莞亚洲一号全面启用，京东结合华南地区的九龙亚洲一号与黄埔亚洲一号，形成由 3 个物流中心组成的智能仓群。东莞亚洲一号单日订单处理能力达到 160 万单，商品从出库到完成分拣，整体用时只需几分钟，自动立体仓库可同时存储超过 2000 万件中转商品，是普通仓库存储量的 3~5 倍。京东智能物流中心如图 1-2 所示。

图 1-2　京东智能物流中心

1.5.6　智慧金融

智慧金融即人工智能与金融的全面融合，以人工智能、大数据、云计算、区块链等高新科技为核心，全面赋能金融机构，提升金融机构的服务效率，拓展金融服务的广度和深度，使全社会都能获得平等、高效、专业的金融服务，实现金融服务的智能化、个性化、定制化。

中国工商银行于 2013 年启动了信息化建设，对移动互联、大数据、云计算、人工智能、区块链、物联网、生物识别等新技术的研究和应用方面进行了布局，在部分领域取得了一些明显进展。在这个过程中，中国工商银行认为数字化转型的关键点和难点就在于新技术和业务场景的创新结合。技术是中立的，要想使新技术发挥作用，关键在于业务场景的创新。所以，数字化转型的关键是加强业务和科技的融合，结合新技术的特性研究业务场景和创新内容，同时，结合数字化转型推动业务经营理念、管理思维的转变。

1.5.7　自动驾驶

自动驾驶从字面上简单理解就是车辆通过车身上布置的各传感器（如雷达、摄像头、激光雷达等），对周围环境进行感知并做出决策控制，在"无须驾驶员操作"的情况下自行驾驶，包括横向（如变道、掉头等）和纵向（如前进、刹车、倒车等）的组合控制。其实现原理可分为 3 步：车辆感知、驾驶决策、行驶控制。自动驾驶相关内容详见第 6 章。

1.5.8　智慧零售

智慧零售就是指以互联网为载体，通过合适的供应链设计，让消费者有更好的消费体验，从而刺激消费。一般来讲，智慧零售在销售的过程中需要通过大数据分析对消费者的行为偏好进行分析，然后制定出适合自己的营销方案，这样设计出的产品才会更有针对性，避免浪费过多资源。例如，海尔衣联网携手创思感知等在无锡落地了"5G 智慧门店体验中心"，创思感知提供了基于智慧门店的完整物联网应用解决方案包，含多元化的智能硬件终端和应用，帮助海尔衣联网打造体验式购物场景，解决传统门店转型数字化门店中的问题；海澜之家曾推出了线上拼团购券服务，以准确的社交广告与公众号推文的方式，获取种子用户，完成"裂变"。在用户领券完毕后，会自动匹配到离用户最近的门店，引导消费，促成转化。

除了以上应用外，人工智能在遥感影像、智能客服、智能家居、智能政务等领域的应用也越来越广泛。人工智能技术可以全方面提升遥感数据的自动化处理能力，并应用于目标检测、变化检测、路网提取、云雪检测、水体提取、土地使用类型分类、建筑物提取等多个场景。智能客服可以像人一样和客户交流和沟通。它可以"听懂"客户的问题，对问题的含义进行分析（如客户是在询问价格还是在咨询产品的功能），做出准确得体、个性化的回应，从而优化客户的体验。智能家居通过在住宅中使用计算机技术、网络技术、自动控制技术将家居生活中的各种相关设备集成，实现集中管理和远程控制，以提升家居的智能性、安全性、便利性和舒适性，并实现环保节能的居住环境。智能政务可以充分利用物联网、云计算、大数据分析和人工智能等新一代信息技术，推进政府机构和组织改革，整合和优化政务流程，提升服务水平，对传统政务进行智能化处理，实现政府管理与公共服务的精细化、智能化和社会化。

本章小结

本章主要介绍了人工智能的相关知识。得益于算法、算力、数据三大要素的支撑以及应用场景的牵引，人工智能已成功由技术理论阶段迈入产业应用阶段，不断向工业、农业、医疗、金融等各领域渗透，重塑传统行业模式，衍生新的业态，赋能产业转型升级。目前，采用人工智能技术开发新应用的门槛已经大大降低，人工智能将深刻改变人们的生活和思维方式。

课后习题

一、选择题

1. "人工智能"这个概念，首次被提出于 1956 年的（　　）。

　　A. 图灵测试　　　　　　　　　　B. 达特茅斯会议

　　C. 斯坦福会议　　　　　　　　　D. 霍普金斯会议

2. 被誉为国际"人工智能之父"的是（　　）。

　　A. 艾伦·图灵　　　　　　　　　B. 爱德华·费根鲍姆

　　C. 傅京孙　　　　　　　　　　　D. 尼尔逊

3. 机器学习可以从（　　）两种途径来进行学习。

　　A. 数据、行动　　　　　　　　　B. 数据、图片

　　C. 经验、图片　　　　　　　　　D. 行动、经验

4. 人工智能当前能够厚积薄发，再造辉煌，得益于（　　）方面的发展和突破。

　　A. CPU、图片、算法　　　　　　B. 统计学、图形学、逻辑学

　　C. 专家系统、深度学习、反向传播　D. 算法、数据、算力

5. AI 的英文缩写是（　　）。

　　A. Automatic Intelligence　　　　B. Artificial Intelligence

　　C. Automatic Information　　　　D. Artificial Information

6. AI 时代主要的人机交互方式为（　　）。

　　A. 鼠标　　　　　　　　　　　　B. 键盘

　　C. 触屏　　　　　　　　　　　　D. 语音+视觉

7. 下列不是人工智能的研究领域的是（　　）。

　　A. 机器证明　　　　　　　　　　B. 模式识别

　　C. 人工生命　　　　　　　　　　D. 编译原理

8. 关于人工智能的概念，下列表述正确的是（　　）。

　　A. 人工智能可以替代人类做一切事情

　　B. 任何计算机程序都具有人工智能

　　C. 针对特定的任务，人工智能程序都具有自主学习的能力

　　D. 人工智能程序和人类具有相同的思考方式

9. 符合强人工智能描述的是（　　　　）。

    A. 仅在某个特定的领域超越人类的水平

    B. 可以胜任所有工作

    C. 通用的人工智能

    D. 在科学创造力、智慧等方面都远胜于人类

10. 以下不是人工智能概念的正确表述的是（　　　　）。

    A. 人工智能是为了开发一类计算机使之能够完成通常由人类所能做的事

    B. 人工智能是研究和构建在给定环境下表现良好的智能体程序

    C. 人工智能是通过机器或软件展现的智能

    D. 人工智能是关于人类智能体的研究

二、填空题

1. 人工智能当前能够厚积薄发，再造辉煌，得益于算法、_____和_____方面的发展和突破。

2. 目前人工智能的主流学派有符号主义、_____和_____。

3. _____监督学习是从给定的训练数据集中学习出一个函数（模型参数），当新的数据到来时，可以根据这个函数预测结果。

4. _____又称为深度神经网络（指层数超过三层的神经网络），是机器学习研究中的一个新兴领域，最早由杰弗里·辛顿等人于2006年提出。

5. _____本质上是结构化的语义知识库，是一种由节点和边组成的图数据结构。

三、简答题

1. 简述人工智能的发展历程。

2. 什么是机器学习，根据学习模式的不同，可以将机器学习可分为哪几类？

3. 什么是深度学习，目前主流的深度学习开源算法框架有哪些？

4. 举例说明人工智能的典型应用。

第2章
积木编程

02

SenseStudy·AI 实验平台是由商汤科技发布的一款专为教育行业打造的人工智能教学实验平台。SenseStudy·AI 积木编程是一种基于 SenseStudy·AI 实验平台的图形化编程方式，即通过一块块图形对象就可以构建出应用程序，不仅简单易学而且富有趣味。SenseStudy·AI 积木编程可以让用户在实践中体验人工智能编程的乐趣。本章将通过积木编程的方式锻炼学生的编程能力，寓教于乐，让学生感受编程的乐趣。

本章要点

- 初识 SenseStudy·AI 实验平台
- 程序设计语言的基本元素
- 程序控制结构
- 列表

2.1 初识 SenseStudy·AI 实验平台

SenseStudy·AI 实验平台结合了可视化的积木编程和代码编程两种编程方式，其提供的丰富的实验程序和不同难度的人工智能实验适合各个学习阶段的人。利用它可以学习智能驾驶、机器学习、语音识别和自然语言处理以及计算机视觉等方面的内容。

2.1.1 SenseStudy·AI 实验平台的特点

1. 简单易学

SenseStudy·AI 实验平台提供了以直观的图形化模块进行编程的方式，具有简单易学的特点。

2. 语言转换方便

SenseStudy·AI 实验平台中有语言转换功能，可以将图像化的积木程序转化成 Python 程序代码，同时也支持直接用 Python 编程。

3. 提供配套实验指南

SenseStudy·AI 实验平台提供简单、实用的实验步骤和说明以及程序的结果展示，方便用户独立完成编程实验任务。

2.1.2 第一个 SenseStudy · AI 积木程序

1. SenseStudy · AI 积木编程环境

用户通过浏览器打开 SenseStudy · AI 实验平台，输入账号和密码，选择教学实验平台和对应的实验即可实现在线编程。SenseStudy · AI 积木编程环境的整体界面如图 2-1 所示。

（1）图 2-1 所示界面左侧为"实验步骤"，实验步骤中提示不同实验使用的积木程序。实验步骤的切换可以通过单击步骤名称或单击"上一步""下一步"按钮来实现，单击后可以查看步骤中的内容提示。

（2）在积木块选择区内有 10 种积木模块，每个积木模块包含对应的积木块，用户通过将不同的积木块拖入编程区，进行积木块的组合，即可完成程序编写。

（3）单击"代码"按钮可以查看拖入编程区的积木块所对应的 Python 程序代码。单击"Python 编程"按钮，可以使用 Python 直接进行程序的编写。

（4）单击"运行"按钮编译执行当前的程序，实验程序运行结果在右侧"结果展示"区域显示。

（5）"实验说明"中会提示实验过程容易出现的错误和实验对应的 Python 程序代码等内容。

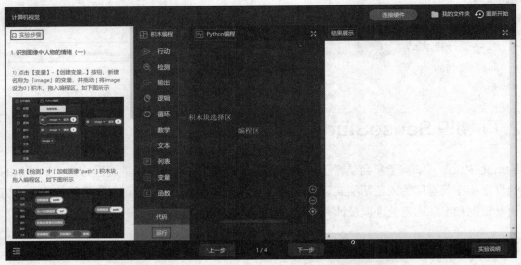

图 2-1 SenseStudy · AI 积木编程环境的整体界面

2. SenseStudy · AI 积木编程的积木模块

SenseStudy · AI 积木编程有 10 种积木模块，如图 2-2 所示。所有的模块都在积木块选择区内，使用时可根据正确的语法和适当的缺口对接实现预定的功能。各模块的功能如下。

（1）"行动"模块：显示图像操作。

（2）"检测"模块：加载图像及初始化相关训练模型。

（3）"输出"模块：输出字符串、变量及程序运行结果。

（4）"逻辑"模块：表明程序数据间的逻辑关系。

（5）"循环"模块：表明循环的次数和循环体等。

（6）"数学"模块：设置数值及相关计算。

（7）"文本"模块：设置文本内容。

（8）"列表"模块：创建列表类型数据及相关操作。

（9）"变量"模块：创建变量及赋值等。

（10）"函数"模块：定义函数等。

图 2-2　SenseStudy·AI 积木编程的 10 种积木模块

　　用户通过这些模块可以实现 SenseStudy·AI 实验平台中的配套实验。此外，用户也可以利用这些模块来实现某些应用程序。

3. 编写及运行 Hello World 程序

　　下面用 SenseStudy·AI 实验平台来编写一个简单的程序，实现输出"Hello World!"功能。

　　单击积木块选择区中的"输出"模块中的"打印"积木块，在其中的单引号间的空白处输入"Hello World!"，如图 2-3 所示。

图 2-3　Hello World 程序

单击"运行"按钮，得到图 2-4 所示的程序运行结果。

图 2-4　Hello World 程序运行结果

2.1.3　积木块的基本操作

1. 添加积木块

在积木模块中选择好要添加的积木块，也意味着在编程区中添加了相应的积木块，添加积木块的方式可以是单击积木块或者直接拖曳积木块到右侧的编程区。图 2-5 所示为添加"逻辑"模块的"如果成立执行"积木块的结果。

图 2-5　添加积木块

2. 积木块的连接

拖曳积木块至相应的积木块空白处，即可连接积木块，如图 2-6 所示。

图 2-6　积木块的连接

3. 积木块的复制和删除

将鼠标指针指向要操作的积木块，单击鼠标右键（以下简称"右击"），在弹出的菜单中选择相应的复制或删除选项即可，如图 2-7 所示。

图 2-7　积木块的复制和删除

4. 积木块的缩放显示、保存及导入

编程区右下角有三个按钮，从上到下分别为积木块放大显示按钮、缩小显示按钮及居中按钮，如图 2-8 所示。

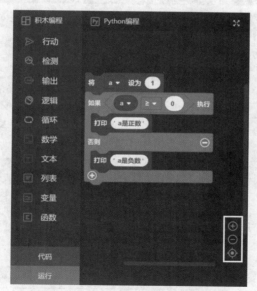

图 2-8　积木块的缩放和居中显示按钮

在编程区空白处右击，可对积木块程序进行"另存到本地""另存到文件夹""导入本地积木"或"导入文件库积木"等操作，如图 2-9 所示。其中，"另存到文件夹"的积木块程序可在"我的文件夹"下的"积木文件"中查看，如图 2-10（a）所示。将积木块程序另存到文件夹时还可以进行重命名操作，如图 2-10（b）和图 2-10（c）所示。当用户需要使用已保存好的积木块程序时，可在编程区右击，在弹出的列表中选择"导入文件库积木"，然后从"积木文件"中选择并导入相应的积木块程序即可，如图 2-11 所示。

图 2-9　积木块程序的保存和导入操作

（a）"另存到文件夹"的积木块程序的存放位置

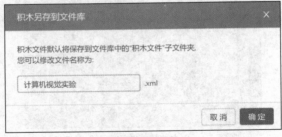

（b）重命名操作

（c）重命名后的积木块程序

图 2-10　积木块另存到文件夹的操作

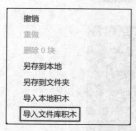 

图 2-11　导入文件库积木至编程区

2.2　程序设计语言的基本元素

　　程序设计语言包括两方面内容，一是语言的基本要素，二是这些要素的表达方法，即书写的规则或语法。不同语言的基本要素可能是相同的，但其语法表达差异通常很大，正是这种差异，使得不同的程序设计语言具有不同的特性和不同的表达能力。一般的程序设计语言都具备常量、变量和表达式等基本元素，下面以 SenseStudy·AI 实验平台为例直观地介绍程序设计语言的基本元素。

2.2.1　常量

　　常量通常表示在计算机程序运行时，不会被程序修改的量。例如，"逻辑"模块中的"成立"（True）、"不成立"（False）积木块对应的量属于逻辑型常量，如图 2-12 所示。"数学"模块中的数字积木块对应的量属于数值型常量，如图 2-13 所示。"文本"模块下面的"'　'"积木块中可以输入字符型常量，如图 2-14 所示。

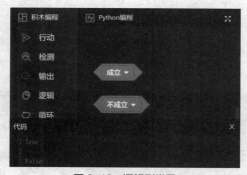

图 2-12　逻辑型常量

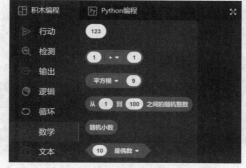

图 2-13　数值型常量

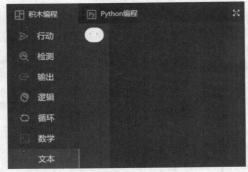

图 2-14　字符型常量

2.2.2　变量

变量可以看成一个小箱子，专门用来盛装程序中的数据。每个变量都拥有独一无二的名字，通过变量的名字就能找到变量中的数据。Python 语言是一种动态类型的语言，不需要声明变量的类型。Python 语言中的变量仅仅只是用来保存一个数据对象的地址。所以变量名与类型无关，但与它指向的值的类型相关，可以是数值、字符串、列表、函数、类、对象等。在 SenseStudy · AI 实验平台中使用积木编程时，如需要使用变量，则需先创建变量名。单击"变量"模块下的"创建变量"积木块，在弹出的对话框中输入变量的名称"x"。单击"确定"按钮即可创建一个变量名为"x"的积木块，如图 2-15 所示。创建好变量后，在"变量"模块中会自动生成将变量赋值为 0 和变量自增 1 的积木块，如图 2-16 所示。给变量"x"赋值的方法（这里以"x=10"为例）为在"变量"模块下单击"将 x 设为 0"积木块并修改积木块中的数字"0"为"10"。此外，单击变量名右侧的下拉列表框，能修改变量名、删除变量，还可以继续添加新的变量，如图 2-17 所示。

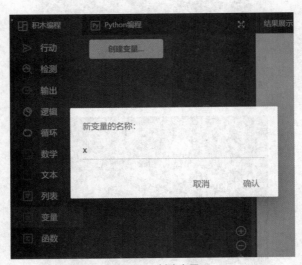

图 2-15　创建变量

图 2-16　变量的赋值和自增积木块

图 2-17　变量名右侧的下拉列表框

2.2.3　运算符

运算符可分为算术运算符、关系运算符和逻辑运算符。

算术运算符即加（＋）、减（－）、乘（×）、除（/）等。关系运算符可用于比较两个值之间的关系，常用的有大于、小于、大于等于、小于等于，其结果是一个逻辑值，即 True 或 False。例如，8>5 的结果是 True。逻辑运算符可用于对逻辑值进行操作，即与运算、或运算、非运算等。

SenseStudy·AI 积木编程中的算数运算符、关系运算符和逻辑运算符如图 2-18 所示。

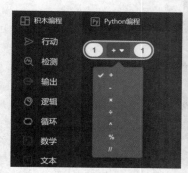 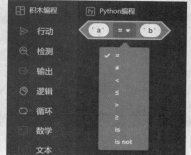 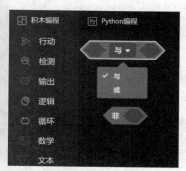

图 2-18　SenseStudy·AI 积木编程中的算术运算符、关系运算符和逻辑运算符

2.2.4 表达式及语句

常量、变量、运算符按照规定的语法连接起来就是表达式。根据运算符可以将表达式分为算术表达式、关系表达式、逻辑表达式等。表达式的运算结果可以赋值给变量，或者作为控制程序语句执行的判断条件。举例说明如下。

（1）建立变量：x，y，z。

（2）变量赋值：x=10，y=20，z=30（逗号隔开的 3 个算式都是赋值语句）。

（3）设置比较条件：单击"逻辑"模块中的关系运算符积木块，将其中的两个"10"分别设置为变量 x 和变量 y，并设置关系运算符为"<"。同样地，设置好变量 y 和变量 z 的比较条件。

（4）设置关系表达式：单击"逻辑"模块中的"如果……执行……"积木块，再单击逻辑运算符积木块，将比较条件拖曳至积木块对应位置，设置关系表达式为"x<y 与 y<z"。

（5）输出结果：单击"输出"模块中的"打印"积木块，将单引号内的内容修改为"x<y<z"。单击"运行"按钮执行程序，输出的结果如图 2-19 所示。

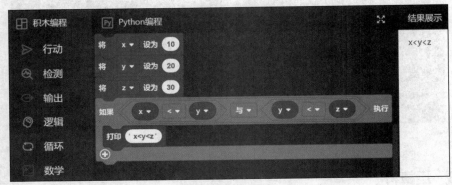

图 2-19　结果展示

单击积木块选择区下方的"代码"按钮，则可以看到对应的 Python 程序代码，如图 2-20 所示。其中，"and"表示与运算。

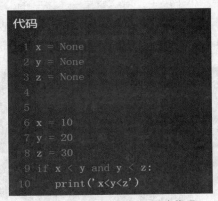

图 2-20　对应的 Python 语言代码

语句可以分为 3 类：赋值语句、控制语句、输入/输出语句。赋值语句通常是用"="来连接表达式和变量的语句。控制语句是控制程序执行路径的语句。输入/输出语句主要用于程序获取输入数据或将程序结果输出。

上面的例子中，"x"是一个变量，"x=10"称为赋值语句，可以理解为将值 10 赋值给变量"x"。另外，表达式的组合可以形成一个新的表达式，如"x<y and y<z"是"x<y"和"y<z"两个表达式通过逻辑运算符"and"形成的一个新的表达式，用于判断条件。"if x<y and y<z"即控制语句，其作用是：只有此表达式的结果为真，才执行输出语句"print('x<y<z')"，即打印输出"x<y<z"。如果为假，则不执行"print('x<y<z')"。

2.3　程序控制结构

程序的控制结构是指程序中用来控制程序执行流程的语言结构，包括顺序结构、分支结构和循环结构三种基本结构。

2.3.1　顺序结构

最简单的程序控制结构是顺序结构，即依次书写一系列语句，程序执行时，按照从上到下的顺序一条条地执行。

【例 2-1】编程实现求圆的面积。

用自然语言描述该程序的算法如下。

（1）将变量 pi 赋值为 3.14。

（2）设置面积变量 s = pi×r×r。

（3）输出 s 的值。

用 SenseStudy·AI 积木编程实现该程序的步骤如下。

（1）利用"变量"模块，创建 3 个变量 pi、r、s。

（2）利用"数学"模块，分别对 3 个变量赋值。其中 s 的值要用到乘方运算，r 的平方用 r×r 表示。

（3）在"输出"模块下面找到"打印"积木块，将"label"修改成为"'s='"。

积木块程序的设置及运行结果如图 2-21 所示，单击"代码"按钮，可以看到相应的 Python 程序代码。

图 2-21　顺序结构程序示例

2.3.2 选择结构

在解决实际问题的过程中，程序如果要根据不同的条件执行不同的语句，就可以采用选择结构，也叫分支结构。

【例2-2】某加油站有3种汽油：92号汽油8.95元/升、95号汽油9.51元/升、98号汽油10.76元/升。编写可根据用户加油的不同种类计算油费的程序。

用自然语言描述该程序的算法如下。

（1）输入汽油号和加油量（单位：升）。

（2）根据不同的汽油号进行不同的计算，得出油费。

（3）输出应该支付的油费。

用SenseStudy·AI积木编程的具体步骤如下。

（1）设置变量。在"变量"模块中添加汽油号变量pn、加油量变量pq和油费变量po。

（2）进行变量赋值。添加给变量pn赋值的积木块。

（3）建立选择结构。单击"逻辑"模块中的"如果……执行……"积木块，并将其修改为"如果……否则如果……否则如果……否则……"结构。

（4）添加条件，条件符合时执行相应的语句，如下所示。

条件1：如果pn = 92，则执行po = 8.95×pq；

条件2：如果pn = 95，则执行po = 9.51×pq；

条件3：如果pn = 98，则执行po = 10.76×pq。

（5）输出油费变量po的值。

具体的积木块程序如图2-22所示。通过改变输入的不同的汽油号和加油量，单击"运行"按钮，得到加油费用。

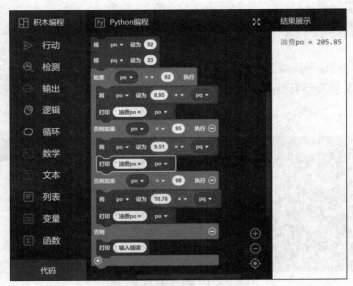

图2-22 选择结构程序示例

2.3.3　循环结构

在解决实际问题的过程中，如果需要对同类的操作执行多次，就可以考虑使用循环结构。其中同类的重复操作称为循环体，控制循环次数的语句称为循环控制语句。

【例 2-3】求 1~100 的累加和（1+2+3+…+100）。

解题步骤如下。

（1）设置变量：sum（求和），i（计数器）。

（2）赋初值：sum=0，i=1。

（3）设置循环体：sum=sum+i。

（4）设置循环次数：i 从 1 到 100，每次加 1（步长为 1）。

（5）输出结果。

在 SenseStudy·AI 积木编程中，可通过"循环"模块设置循环结构，配合其他的积木块就可以解决上述问题，这里不再赘述。程序及执行结果如图 2-23 所示。

图 2-23　循环结构程序示例

2.3.4　函数

在程序设计中，函数是可被程序调用的相对独立的一个程序模块。通常用于实现程序的部分功能或某个特定功能，可以接受调用方传递的参数，并作为函数值返回调用结果。

定义了函数之后，使用该函数就叫函数调用。函数一般由函数名、参数、函数体和返回值 4 部分构成。在定义时使用的参数称为形参，形参可以有 0 个（无形参）或多个。在调用时给出的函数参数的值称为实参。在调用时将实参取代对应的形参来执行函数体中的语句以获取计算结果。函数可以有返回值，也可以没有返回值，对于有返回值的函数，在函数执行完之后将返回一个执行结果。

1. 自定义函数

自定义函数可分为无返回值函数和有返回值函数，所谓的无返回值，其实返回的是 None，None 表示没有实际意义的数据，而有返回值表示函数执行结束有实际的数据返回。在 SenseStudy·AI 积木编程中，函数的定义可以通过"函数"模块来实现。下面通过两个例子来说明函数的定义及函数调用。

（1）无返回值的函数。

【例2-4】输入一个值 x，求 1~x 的累加和（1+2+…+x）。

解题思路：先定义一个函数，用于求 1~x 的和，再调用该函数，计算并输出结果。在 SenseStudy·AI 积木编程中的具体实现如下。

① 添加函数积木块。添加"函数"模块中的"函数 do something-返回"积木块，定义函数名称为"计算 1 到 x 的和"。

② 定义函数体。根据要求，可定义以下内容：sum=0，i 值从 1 到 x，sum=sum+i。

函数体定义完成后，在"函数"模块中可以看到有积木块"计算 1 到 x 的和"，在之后调用时，直接像使用其他积木块一样，将其添加到相应位置即可。

③ 输入一个值，将其赋值给 x。

④ 调用函数积木块"计算 1 到 x 的和"。

⑤ 输出 sum 的值。

⑥ 运行程序并输入 10，即输出 x = 10 时的运行结果，如图 2-24 所示。

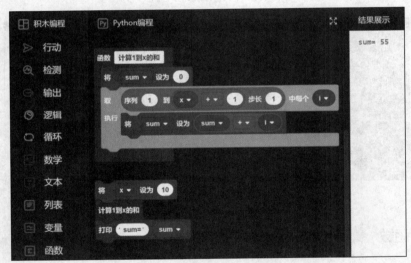

图 2-24　函数示例 1：无返回值函数

（2）有返回值的函数。

【例2-5】已知 $f(x)=x+5$，编程实现一个分段函数：当 $x>0$ 时，$y=2f(x)$；$x=0$ 时，$y=f(x) \cdot f(x)$；$x<0$ 时，$y=-2f(x)$。

解题思路如下。

① 定义函数 $f(x) = x + 5$。

② 用选择结构分别设置 y 值并输出。

具体的程序如图 2-25 所示。

从例 2-4 可以明显看出，函数具有像积木块一样可以重复使用的功能，这种功能称为"代码复用"。

上述涉及的函数是用户自己定义的，称为自定义函数。

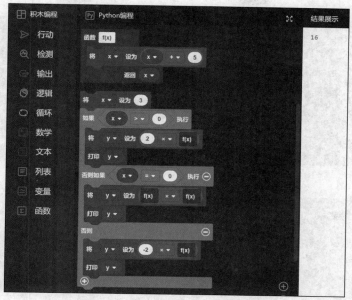

图 2-25　函数示例 2：有返回值的函数

2. 内置函数

系统内部事先定义好的函数称为内置函数，如"数学"模块中的"随机小数""平方根"等，此处不再赘述。

2.4　列表

几乎每种编程语言都提供一个或多个表示一组数据的方法，大多数语言采用数组（如 C 语言），SenseStudy · AI 积木编程和 Python 语言一样都采用列表。

2.4.1　列表的定义

列表是一种数据结构，用于存储一组有序的元素，其中每个元素都可以是任何数据类型，包括其他列表。在 SenseStudy · AI 积木编程中，列表中元素的索引是从 0 开始，并依次递增的。

下面介绍列表的相关操作。

2.4.2　列表的基本操作

1. 建立列表

（1）直接给定列表元素来建立列表。

列表中的元素可以直接给定，元素可以有多项，也可以没有，没有元素的列表称为空列表。如图 2-26 所示，在"列表"模块中可以直接单击"创建空列表"积木块，也可以通过单击"建立列表"积木块来建立数字列表或者字符串列表，还可以单击该积木块右侧的"+"或"-"按钮来增加或减少元素。如图 2-27 所示，建立了具有 4 个元素的数字列表 n 和 3 个元素的字符串列表 s。

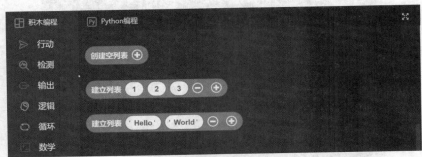

图 2-26　建立空列表示例

图 2-27　建立有元素的列表示例

（2）通过组合已有列表形成新的列表。

通过组合已有的两个或多个一维列表，可以形成具有两个或多个一维列表元素的二维列表。如图 2-28 所示，在"变量"模块中单击"创建变量"积木块创建三个变量 x、y 和 z，在"列表"模块中选择"建立列表"积木块来创建两个元素分别为[1, 2, 3]和[4, 5, 6]的列表，并将这两个列表分别赋值给变量 x 和 y，然后选择"创建空列表"积木块，并单击该积木块右侧的"+"按钮，将"变量"模块中创建好的 x 和 y 变量分别拖入创建的空列表的两个元素中，最后将其赋值给变量 z。此时，变量 z 列表形成具有两个一维列表元素的二维列表，即 z = [x, y] = [[1, 2, 3], [4, 5, 6]]。

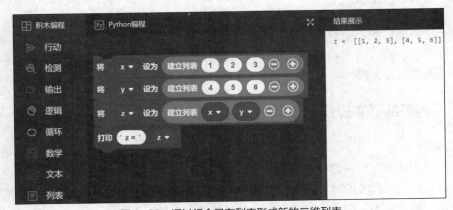

图 2-28　通过组合已有列表形成新的二维列表

2．列表的内置函数

图 2-29 所示的"列表"模块中的积木块是列表的内置函数，依次可以实现以下功能。

（1）列表的长度。

（2）取得指定元素的值。

（3）修改指定元素的值。

（4）向列表中追加元素。

图 2-29　列表的内置函数

这些内置函数可以在程序设计中直接使用，对应的使用示例如图 2-30 所示。

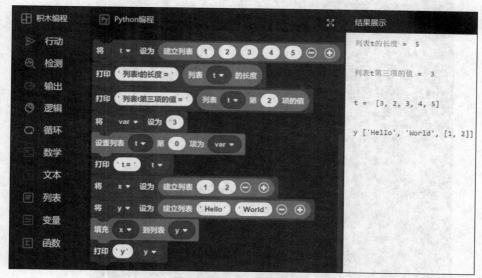

图 2-30　列表内置函数示例

2.4.3　列表的应用

在选择结构中，通常需要判断一个值是否为列表的成员，根据判断结果执行相应的操作。

【例 2-6】根据用户输入的星期数（输入 1~7 中的一个数字，输入 1 代表是星期一），自动输出后天是星期几。如果输入不符合要求，则输出"输入错误"。

用自然语言描述该程序的算法如下。

（1）判断输入的数是否在 1~7。

（2）如果输入的数在合理的范围内，则将输入的数+2，如果得到的结果小于等于 7，则输出星期数结果；如果得到的结果大于 7，则将该数除以 7，取其余数，得到最后要输出的星期数。

在 SenseStudy·AI 积木编程中，具体执行步骤如下。

（1）建立列表 week=[1, 2, 3, 4, 5, 6, 7]。

（2）通过输入一个 1~7 的数字，将其赋值给变量 y。

（3）查找 y 值是否在列表中，如果在列表中，则执行以下操作。

① 执行 y = y + 2。

② 判断。如果 y≤7，则表示 y 值可用，输出字符串"后天是星期 y"。例如，输入的数字是 1，则输出"后天是星期 3"。

③ 如果 y＞7，则将 y 除以 7，取余数（利用取模运算符），并将余数赋值给变量 y，输出"后天是星期 y"。

（4）如果 y 值不在列表 week 中，则输出"输入错误"。

具体的程序示例如图 2-31 所示。

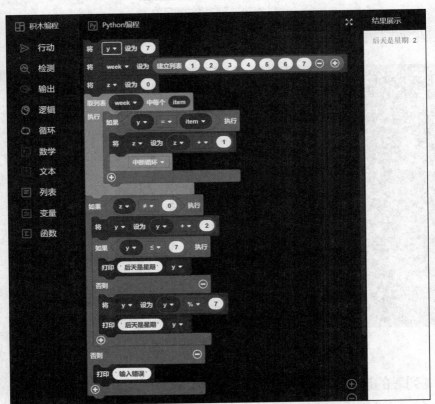

图 2-31　列表应用示例：后天是星期几

列表另外一个应用是应用在循环结构中，通过遍历列表中的成员，执行相应的循环体操作。

【例 2-7】输入 3 个数，求它们的和以及平均值。

解题步骤如下。

（1）建立变量 sum，并赋值 0。

（2）建立列表 list，并将输入的 3 个数添加到 list 列表中。

（3）将 list 中的每个数取出来相加。

（4）建立变量 aver，将平均值 sum/3 赋给 aver。

（5）输出 3 个数的和 sum 的值，前面加字符串"这三个数的和是："。

（6）输出 3 个数的平均值 aver，前面加字符串"这三个数的平均值是："。

本例中应用了列表作为循环条件。程序示例如图 2-32 所示。

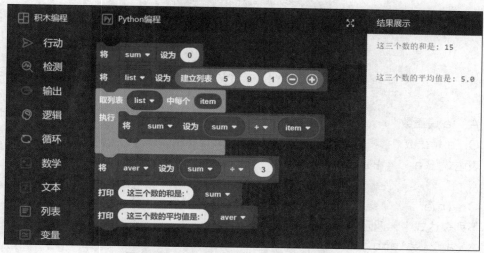

图 2-32 列表应用示例：求 3 个数的和与平均值

本章小结

（1）SenseStudy·AI 实验平台提供可视化的积木编程和纯代码编程两种方式，具有简单易学的特点，能够使得用户在实践中体验人工智能编程的乐趣。

（2）常量、变量、运算符及表达式构成了程序设计语言的基本元素。

（3）程序的控制结构包括顺序结构、分支结构和循环结构三种基本结构。

（4）函数是可被程序调用的相对独立的一个程序模块。

（5）列表由一组按特定顺序排列的元素组成。列表提供丰富的函数，通过这些函数可以对列表进行访问、删除、更新等操作。

课后习题

一、选择题

1. 在 SenseStudy·AI 积木编程中执行以下积木块的结果为（　　　）。

A. Hello World!'

B. Hello World!

C. 打印 'Hello World!'

D. 打印 Hello World!

2. 以下积木块程序的执行结果为（   ）。

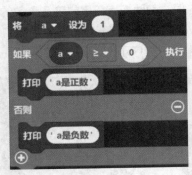

A. 'a 是正数'
B. 'a 是负数'
C. a 是正数
D. a 是负数

3. 表达式 3 and 4 的结果为（   ）。

A. 3
B. 4
C. True
D. False

4. 下列表达式中，返回 True 的是（   ）。

A. a=2 b=2 a=b
B. 3>2>1
C. True and False
D. 2!=2

5. 下面程序的运行结果是（   ）。

```
a=10
b=5
c=a*b
print(c)
```

A. 10
B. 15
C. 50
D. 5

6. 在 SenseStudy · AI 积木编程中，列表元素的索引是从（   ）开始。

A. 随机
B. 末尾
C. 0
D. 中间

7. 下面积木块程序中列表总共有（   ）个元素。

A. 5
B. 17
C. 4
D. 3

8. 下面积木块程序中，当 x=3 时，函数返回值为（   ）。

A. 8   B. 5

C. 3   D. 0

9. 下面积木块程序的执行结果是（   ）。

    A. 5050   B. 4950

    C. 450   D. 45

10. 关于函数，下列选项中描述错误的是（   ）。

    A. 函数能完成特定功能，对函数的使用不需要了解内部实现原理

    B. 使用函数的主要目的是降低编程难度和代码重用

    C. Python 语言使用 del 关键字定义函数

    D. 函数是一段具有特定功能的、可重用的程序语句组

二、填空题

1. 已知 x=3，那么执行积木块程序 x=x+6 之后，x 的值为_____。

2. 程序的"三种基本控制结构"指的是顺序结构、_____结构和_____结构。

3. 表达式 1<2<3 的值为_____。

4. 表达式 0 or 5 的值为_____。

5. 已知 x=[3, 7, 5]，将列表元素求和的结果为_____。

三、简答题

1. 什么是常量、变量、表达式？

2. 常用的数据类型有哪些？

3. 程序的基本结构有哪几种？各有什么特点？

4. 列表是什么？举例说明列表的应用。

5. 什么是函数？函数如何分类？定义函数的基本方法是什么？

第3章
计算机视觉

计算机视觉是一门研究如何对数字图像或视频进行高层理解的交叉学科。从人工智能的视角来看，计算机视觉要赋予机器"看"的智能，与语音识别赋予机器"听"的智能类似，都属于感知智能范畴。从工程视角来看，所谓理解图像或视频，就是用机器自动实现人类视觉系统的功能，包括图像或视频的获取、处理、分析和理解等诸多功能。类比人的视觉系统，摄像机等成像设备是机器的眼，而计算机视觉就是要实现人的大脑（主要是视觉皮层）的视觉功能。

本章要点

- 计算机视觉概述
- 图像匹配
- 图像分割
- 目标检测

3.1 计算机视觉概述

计算机视觉的内涵非常丰富，需要完成的任务众多。想象一下，如果为盲人设计一个导盲系统，该导盲系统需要在盲人过马路时拍摄图 3-1 所示的图像，它需要完成哪些视觉任务？

图 3-1 导盲系统拍摄的图像

3.1.1 计算机视觉的任务

1. 距离估计

距离估计是指通过图像或视频中的物体的外观特征来估计它们与相机的距离。这种技术通常被称为深度估计或视差估计。该功能对于导盲系统来说显然是至关重要的。

2. 目标检测、跟踪和定位

目标检测、跟踪和定位是指计算机需要在图像或视频中发现各类重要目标并给出其位置和区域。在导盲系统中，各类车辆、行人、信号灯、交通标识等都是需要检测、跟踪和定位的目标。

3. 前背景分割和物体分割

前背景分割和物体分割是指计算机将图像或视频中前景物体所占据的区域或轮廓勾勒出来。在导盲系统中，有必要将视野中的车辆和斑马线区域勾勒出来，盲道的分割以及可行走区域的分割也至关重要。

4. 目标分类和识别

目标分类和识别是指计算机为图像或视频中出现的目标分配其所属类别的标签。这里类别的概念是非常丰富的，如视频画面中人物性别，年龄段等，或是视频画面内车辆的款式乃至型号等。

5. 场景分类与识别

场景分类与识别是指计算机根据图像或视频内容对拍摄环境进行分类，如室内、室外、海景、街景等。

6. 场景文字检测与识别

场景文字检测与识别是指计算机根据图像或视频内容识别与检测场景中出现的文字信息。特别是在城市环境中，场景中的各种文字对导盲系统是非常重要的，如道路名、信号灯倒计时秒数、商店名称等。

7. 事件检测与识别

事件检测与识别是指计算机对图像或视频中的人、物和场景等进行分析，识别人的行为或正在发生的事件（特别是异常事件）。对导盲系统来说，需要检测与识别信号灯是否要变化、是否有车辆正在经过等事件。

8. 图像编辑

图像编辑是指计算机对图像的内容或风格进行修改，产生具有真实感的其他图像。如产生具有油画效果甚至是某个艺术家的绘画风格的图像。图像编辑也可以修改图像中的部分内容，如去掉照片中的某个垃圾桶。

9. 图像描述

图像描述是指计算机分析输入图像或视频的内容并用自然语言进行描述，类似于"看图说话"。

10. 视觉问答

视觉问答是指给定计算机图像或视频，计算机来回答特定的问题，这有点像语文考试中的"阅读理解"题目。

计算机视觉在众多领域有极为广泛的应用，如指纹识别、车牌识别、人脸识别、视频监控、自动驾驶、增强现实等。不难想象，任何人工智能系统，只要它需要和人交互或者需要根据周边环境做出决策，这种"看"的能力就非常重要。

3.1.2　计算机视觉应用范围

计算机视觉与很多学科都有密切关系，如数字图像处理、模式识别、机器学习、计算机图形学等。在模式识别中，以图像为输入的任务大多数也可以认为属于计算机视觉的研究范畴。机器学习则为计算机视觉提供了识别、分析和理解的方法和工具，近年来，统计机器学习和深度学习都成为了计算机视觉领域占主导地位的研究方法和工具。计算机图形学与计算机视觉的关系最为特殊，从某种意义上讲，计算机图形学研究的是如何从模型生成图像或视频的"正"问题；而计算机视觉则正好相反，研究的是如何从输入图像或视频中解析出模型的"反"问题。近年来，计算摄影学也逐渐得到重视，其关注的焦点是采用数字信号处理而非光学过程实现新的成像可能。如光场相机、高动态成像、全景成像等经常用到计算机视觉算法。

与计算机视觉关系密切的部分一类学科来自脑科学领域，如认知科学、神经科学、心理学等。这些学科一方面极大地受益于来自数字图像处理、计算摄影学、计算机视觉等学科的图像处理和分析工具，另一方面它们所揭示的视觉认知规律、视皮层神经机制等对于计算机视觉领域的发展也起到了积极的推动作用。例如，深度神经网络即深度学习就是受到认知神经科学的启发而发展起来的，自 2012 年以来，它为计算机视觉中的众多任务带来了跨越式的发展。

3.2　图像匹配

图像匹配是指在两幅或多幅图像之间寻找相似或相同的部分的过程。图像匹配是计算机视觉领域中的一个重要问题，因为在很多应用中，需要对图像进行匹配来实现目标检测、跟踪、三维重建等任务。

3.2.1　图像匹配简介

图像匹配的目标是找到一组从一个图像到另一个图像的变换，使得变换后的图像与原始图像相匹配。这个变换可以是平移、旋转、缩放、透视变换等，而相似的部分可以是物体、场景、纹理、颜色等。图像匹配的过程通常包括特征提取、特征描述、特征匹配、变换估计、匹配验证。

图像特征就是图像中物体的特征，也就是图像中物体的形状、大小等特征参数。待识别的图像通过计算产生一组原始特征，这个过程称为特征形成。将原始特征通过映射或变换等方法使特征更易描述，这个过程称为特征提取。

特征描述就是对于提取出的每个特征点，计算其周围区域的特征描述子，例如局部图像梯度方向直方图、颜色直方图等。

特征匹配就是利用特征描述子进行两幅图像之间的匹配，例如计算两幅图像中的特征点之间的距离或相似度。

变换估计就是根据匹配结果估计两幅图像之间的变换关系，如估计平移、旋转、缩放、透视变换等参数。

匹配验证就是对于估计出的变换，进行匹配验证，例如利用重投影误差、同名点误差等指标进行评估和优化。

3.2.2　图像匹配算法

灰度匹配是一种基于像素的图像匹配算法，它比较两幅图像的每个像素的灰度值，并寻找相似的像素，以确定两幅图像之间的相对位置关系。灰度匹配适用于相对简单的图像匹配任务，例如字符识别、文档扫描等，但对于复杂的图像匹配任务，例如物体识别、场景重建等，灰度匹配效果会受到影响。

特征匹配是一种基于局部特征的图像匹配算法，它通过提取图像中的局部特征，并利用这些特征进行匹配，以确定两幅图像之间的相对位置关系。特征匹配适用于复杂的图像匹配任务，例如物体识别、场景重建等。常见的特征匹配算法有模板匹配算法、相关滤波算法等。

相对于灰度匹配，特征匹配能够处理更复杂的图像匹配任务，因为它不仅考虑了像素的灰度值，还利用了图像中的局部特征信息。但是，特征匹配算法需要额外的计算来提取和匹配特征点，因此它的计算成本相对较高。在实际应用中，需要根据具体任务的要求和应用场景的特点，选择合适的算法来进行图像匹配。

3.2.3　情绪识别

对于人工智能，一方面人们在努力使它具备超越人类的感知与计算能力；另一方面人们还在努力使它与人类更加接近——这其中就包括具备与人类一样的情感交流能力，以满足人类的情感和心理需求。可以说，只有能与人类进行情感交流的人工智能，才称得上是真正意义上的人工智能。要做到这一步，相关研究人员首先需要在情绪识别技术上取得突破。

所谓人工智能的情绪识别，指的是用人工的方法和技术让机器具有类似人类的情感，使它能够理解、识别和表达喜怒哀乐之类的情绪，从而延伸和扩展人类的情感。行业内普遍认同的观点是，人工智能的情绪识别，必须建立在语音识别技术、图形识别技术获得长足发展的基础上。只有这样，人工智能才能在大数据的支持下，更加精准地对微表情进行捕捉，对情绪进行判断。要想让人工智能走进家庭，为家庭提供服务，情感识别是其必备的能力。

情感是人类对外界事物所产生的主观反应。它通常通过人们的面部表情、声音变化、肢体动作等表现出来，情绪发生变化时，会对心脏、四肢和大脑等产生影响。由于人们各自的特质和经历不同，对于同样的外部变化，所产生的情绪也会各不相同。到目前为止，即使是拥有最高水平的人工智能，也不具备像人类一样的情绪识别能力。那么，如何才能让人工智能具有像人类一样的情绪识别能力呢？

从方法上来说，人工智能同样是通过看脸、看动作和听声音来理解人类情绪的。人们在情绪变化时面部会呈现出不同的表情，人们说话的语速和声音的高低会改变。在这一过程中，人工智能通过识别这些信息来判断人类的情绪。在这方面，人工智能有一个明显的优势，即往往人们觉察不到别人故意控制的情绪变化，而它能觉察到，甚至有时哪怕是一闪而过的、极微小的情绪变化，人工智能都可以通过高速摄像机和高性能处理器来完成情绪的识别。

从技术发展来看，人工智能仅解决了语音输入的问题，还远不足以实现情绪识别。机器想要和人类有情感上的交互，就必须具有强大的视觉系统。在这方面，由于计算机视觉算法的发展，计算机对人类的面部表情、眼动方式、肢体语言等行为方式的理解能力大为提高。

从满足人类情感需求的角度来看，情绪识别是人工智能发展的分水岭。目前，微软公司、软银公司和苹果公司等大型企业，都开始在人工智能研发方面布局情感识别。

3.3 图像分割

3.3.1 图像分割简介

图像分割是对图像的像素级描述，它赋予每一像素类别（实例）意义，主要解决"每一像素属于哪个目标或场景"的问题，包括语义分割（Semantic Segmentation）和实例分割（Instance Segmentation）。图像分割适用于理解要求较高的场景，如无人驾驶中对道路和非道路的分割，通常使用区域标注方法。

1. 语义分割

语义分割是指将一张图像中的每个像素按照语义类别进行分类的任务。在语义分割中，每个像素都被分配到一个语义类别中，通常使用不同的颜色或标签来表示不同的语义类别。

2. 实例分割

实例分割用于区分属于相同类别的不同实例。例如，当图像中有多辆车时，语义分割会将两辆车整体的所有像素预测为"车"这个类别。与此不同的是，实例分割需要区分出哪些像素属于第一辆车、哪些像素属于第二辆车，如图 3-2 所示。

图 3-2　实例分割

3.3.2 图像分割技术

图像分割就是把图像分成若干个特定、具有独特性质的区域，并提取感兴趣的目标的技术。分割出来的各区域对某种性质具有相似性，区域内部是连通的，区域边界是明确的，相邻区域有明显的差异。

1. 基于边缘的图像分割

图像分割的一种主要技术是基于边缘进行图像分割，即检测灰度或者结构发生突变的地方，表明一个区域终结的地方或另一个区域开始的地方。不同的图像灰度不同，边界处一般有明显的边缘，利用此特征可以分割图像。

图像中边缘处像素的灰度值不连续，这种不连续性可通过求导数来检测到。对于阶跃状边缘，其位置对应一阶导数的极值点，对应二阶导数的过零点，因此常用微分算子进行边缘检测。常用的一阶边缘检测算子有 Roberts 算子、Prewitt 算子、Sobel 算子和 Canny 算子等，常用的二阶边缘检测算子有 Laplacian 算子等。在实际中各种微分算子常用小区域模板来表示，微分运算是利用模板和图像卷积来实现的。这些算子对噪声敏感，只适用于噪声较小且不太复杂的图像。

2. 基于阈值的图像分割

基于阈值的图像分割常用在灰度图像中，通常称为灰度阈值分割。灰度阈值分割是一种常用的并行区域技术，它是图像分割中应用最多的一类技术，其优点是计算简单、运算效率较高。

灰度阈值分割就是先确定一个处于图像灰度取值范围之中的灰度阈值，然后将图像中各个像素的灰度值与这个阈值相比较，根据比较结果将对应的像素分为两类。这两类像素一般分属图像的两类区域，从而达到分割的目的。也就是说，阈值分割方法实际上是输入图像 f 到输出图像 g 的变换，变换公式如下。

$$g(i,j) = \begin{cases} 1, f(i,j) \geq T \\ 0, f(i,j) < T \end{cases}$$

式中，T 为阈值，若 $f(i,j) \geq T$，即该像素被分为物体的图像元素，则 $g(i,j)=1$；若 $f(i,j) < T$，即该像素被分为背景的图像元素，则 $g(i,j)=0$。

由此可见，灰度阈值分割的关键是确定阈值，如果能确定一个合适的阈值就可准确地将图像分割开来。阈值确定后，将阈值与像素的灰度值逐个进行比较，而且可对各像素并行地进行分割，根据分割的结果直接给出图像区域。

3. 基于区域的图像分割

基于区域的图像分割技术是指采用某种准则，将图像划分为多个区域，得到分割结果。基于区域的图像分割技术包括区域生长、区域分裂合并等。

区域生长的基本思想是将具有相似性质的像素集合起来构成区域。具体来讲，就是先对每个需要分割的区域找一个种子像素作为生长的起点，然后将种子像素邻域中与种子像素有相同或相似性质的像素合并到种子像素所在的区域中。将这些新像素当作新的种子像素继续进行上述过程，直到再没有满足条件的像素可被包括进来，这样一个区域就"长成"了。

区域生长需要选择一组能正确代表所在区域的种子像素，确定在生长过程中的生长准则，制定让生长停止的条件。相似性准则可以根据灰度级、彩色、纹理、梯度等制定。选取的种子像素可以是单个像素，也可以是包含若干个像素的小区域。大部分区域生长准则使用图像的局部性质。生长准则可根据不同原则制定，而使用不同的生长准则会影响区域生长的过程。

区域生长的优点是计算简单，对于较均匀的连通目标有较好的分割效果。它的缺点是需要人为确定种子像素，对噪声敏感，可能导致区域内有空洞。另外，区域生长是一种串行算法，当目标较大时，分割速度较慢，因此在设计算法时，要尽量提高效率。

在实际中应用区域生长时，需要解决以下 3 个问题：

（1）选择一组能正确代表所在区域的种子像素，种子像素的选取通常可借助具体问题的特点进行。

（2）确定在生长过程中将相邻像素包括进来的准则，生长准则的选取不仅依赖于具体问题本身，而且和所用图像数据的种类有关。

（3）制定让生长停止的条件或准则，一般生长过程在进行到再没有满足生长准则的像素时停止。

对图像进行逐行扫描，找出没有归属的像素，以该像素为中心检查它的邻域像素，如果灰度差小于预先确定的阈值，就将它们合并。然后以新合并的像素为中心，再次检查新像素的邻域，直到区域不能进一步扩张。然后继续扫描，直到不能发现没有归属的像素，则结束整个生长过程。这就是基于区域灰度差的生长。

还有一种是基于区域内灰度分布的生长，即把图像分成互不重叠的小区域，比较邻域的灰度直方图，根据灰度分布的相似特性进行区域合并，设定终止准则，反复比较邻域的灰度直方图，将各个区域依次合并，直到满足终止准则。

另一种基于区域的图像分割技术是区域分裂合并。原理是先把图像分成任意大小且不重叠的区域，然后合并或分裂这些区域，从而满足分割的要求，这就是区域分裂合并。

3.4 目标检测

目标检测，即定位出该目标的位置并且知道目标物是什么。通常将目标检测任务细分为两个子任务，即检测与识别。首先进行检测，这是视觉感知的第一步，即尽可能搜索出图像中某一块存在目标（形状、位置）。然后进行目标识别，类似于图像分类，判别当前找到的图像块所对应的目标具体是什么类别。

3.4.1 目标检测简介

从应用的角度，目标检测的应用场景可以简单地分为两类：静止背景视频场景与单帧静止图像场景。

静止背景视频场景是指场景中的背景相对稳定，目标物体可能会移动的视频场景，如安防监控、交通监控等。对于这种场景，目标检测的主要目的是实时准确地检测并跟踪移动目标。在这种场景中，目标检测通常采用经典的如 MeanShift、CamShift 等算法，它们主要基于运动目标的颜色、纹理、形状等特征进行跟踪，能够实现实时高效的目标检测与跟踪。

单帧静止图像场景是指场景中的背景相对静止，需要在单张静止图像中检测目标物体，如人脸识别、车辆识别等。基于单帧静止图像的检测算法中，根据目标构建模式的不同，可分为整体模型检测与部件模型检测算法。整体模型是基于整个训练样本窗口提取目标的整体或者部分信息作为目标特征，然后采用某种分类准则获得判别函数。部件模型是指首先将目标进行分块，然后提取特征分类判别。根据应用的不同，分块方式也不同，例如，可以根据图像的大致比例将目标进行分块（如将人体分为头部区域、躯干区域等），也可以基于目标的自然形态将目标进行分块。无论是整体模型检测还是部件模型检测，都涉及两部分内容：一是寻找合适的特征表述（特征描述子），即从图像中提取出表示目标的特征向量（特征向量应该尽量对光照、背景、表观等因素的变化不敏感）；二是构建分类器，主要指使用前面所提取的目标的某种特征，按照某种学习准则获取分类函数的过程。寻找特征表述和构建分类器的主要目的，都是让计算机意识到什么样的模式属于目标，什么样的模式属于背景。

3.4.2 目标检测难点

目标检测依赖于基础理论和算法的提升，也依赖于计算机算法设计和计算机并行计算性能的突破。目标检测难点总结如下。

（1）目标特征的表达方式。目前大多数目标检测算法都是基于监督学习的方法，即通过对现有样本的训练，让计算机学会目标的统一表达模式。然而，实际应用中由于目标姿态各异、纹理样式不同、监控角度变化等因素的存在，往往使得训练样本的模式不统一。另外，传统的手工特征设计与表示方法已经无法满足多类别、多样性目标检测的要求，而通过学习方法（如深度学习）获取的特征表达却依赖于大量的学习样本。

（2）目标模式的差异性。目标姿态、视角、服饰、形状、长宽比等表观因素的不一致使得目标模式有很大差异，如目标与摄像机之间距离的变化会影响所拍摄目标的尺度和分辨率，在一定程度上改变目标的表观特征，影响检测的精度。

（3）目标的部分及完全遮挡。遮挡会造成目标部分特征缺失，而这种特征缺失是随机的，计算机很难捕捉，对此只能依赖未被遮挡的特征信息进行估计。这种信息随机性的缺失对特征的表述及分类方法提出了更高的要求。对于目标的部分遮挡，一些算法尝试使用图像分割方法或融合深度信息，但是目前尚不能较理想地解决这一问题。

（4）背景模式与光照亮度的影响。实际应用中的背景比较复杂，通常是形式多样、形态各异的，如路边树木、栏杆等。背景光线亮度变化等干扰信息也会导致同一目标在不同时刻产生明显不同的图像模式。背景模式的变化与光照亮度的影响是实际应用系统中阻碍性能提升的瓶颈之一。

3.5 实验与实践

SenseStudy·AI 实验平台提供了人物表情识别、图像人脸交换、水果检测等计算机视觉相关实验。本小节将通过完成这些实验使读者体会计算机视觉的相关原理及应用。

【实验1】人物表情识别

实验目标：识别图像中的人物表情。

具体实验步骤如下。

（1）打开并登录 SenseStudy·AI 实验平台，单击"教学平台实验列表"，选择并进入"人物表情识别"实验界面。

（2）进入实验界面后，在积木块选择区中选择"变量"模块，单击模块中的"创建变量"按钮，新建"image"变量，平台将自动创建 3 个积木块。把"将 image 设为 0"积木块拖入编程区，如图 3-3 所示。

图 3-3　把"将 image 设为 0"积木块拖入编程区

（3）选择"检测"模块，将模块中的"加载图像'path'"积木块拖入编程区，如图 3-4 所示。

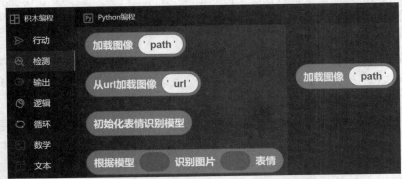

图 3-4　将"加载图像'path'"积木块拖入编程区

（4）拖动"加载图像'path'"积木块，嵌入到"将 image 设为 0"积木块中"0"的位置，如图 3-5 所示。

图 3-5　嵌入"加载图像'path'"积木块

（5）修改"加载图像'path'"积木块中的"path"值为系统内自带的图像地址，如"4_0.jpg"，如图 3-6 所示。

图 3-6　修改"加载图像'path'"中的 path 值

（6）将"行动"模块中的"显示图像__"积木块和"变量"模块中的"image"积木块放入编程区，如图 3-7 所示。

图 3-7　"显示图像__"积木块和"image"积木块

（7）将"image"积木块嵌入"显示图像__"积木块，如图 3-8 所示。

图 3-8　"image"积木块嵌入"显示图像__"积木块

（8）创建变量"detector"，并将"检测"模块中的"初始化表情识别模型"积木块嵌入其中，如图 3-9 所示。

图 3-9　创建变量"detector"并嵌入"初始化表情识别模型"积木块

（9）将已经创建的"detector"和"image"变量积木块拖入编程区。

（10）新建"res"变量，将"将 res 设为 0"积木块拖入编程区。按照红色箭头所示对"根据模型___识别图片___表情"积木块进行嵌套，如图 3-10 所示，完成后效果如图 3-11 所示。

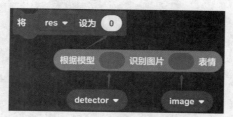

图 3-10　所需全部积木块及其组合方法

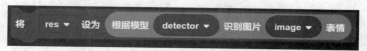

图 3-11　完成后效果

（11）将"输出"模块中的"打印"积木块拖入编程区，并将"res"变量嵌入，如图 3-12 所示。

图 3-12　将"res"变量嵌入"打印"积木块

（12）将以上积木块堆叠组合，单击"运行"按钮，等待若干秒之后即可在右侧"结果显示"界面看到图像和机器分析出的人物情绪（本例分析结果为"happy"），如图 3-13 所示。

图 3-13　积木块堆叠组合及运行结果

（13）用户上传自己的图像到系统内"我的文件夹"，并复制图片地址。创建变量"url"，自定义图片的地址需要将"文本"模块中的 ⬤ 积木块嵌入该变量中，把复制的图片地址粘贴到"将 url 设为 0"积木块中的"0"的位置，如图 3-14 所示。

图 3-14　为"url"变量设置值

（14）将"将 image 设为 0"积木块拖入编程区，同时拖入"url"变量和"从 url 加载图像'url'"积木块，按照图 3-15 中红色箭头所示进行嵌套，完成后效果如图 3-16 所示。

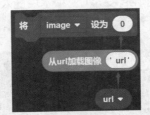

图 3-15　积木块嵌套

图 3-16　组合效果图

（15）重复以上步骤，分别创建图 3-17 所示的三个积木块。

图 3-17　创建三个积木块

（16）把积木块进行组合堆叠，形成完整的积木块组合，如图 3-18 所示，单击"运行"按钮，即可依次看到两幅图像中的人物的情绪。

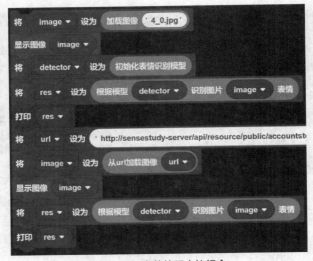

图 3-18　完整的积木块组合

（17）实验效果展示。图 3-19 和图 3-20 为上述代码运行后的效果。图 3-19 中的"happy"为计算机分析得出"4_0.jpg"图像中的人物的情绪，即"高兴"。图 3-20 中的"calm"为计算机分析得出的图片地址中图像的人物的情绪，即"平静"。

图 3-19　识别为"高兴"　　　　　　　　　　　　　　　　图 3-20　识别为"平静"

【实验 2】图像人脸交换

实验目标：将其中一张图像中的人脸特征替换为另一张图像原有的人脸特征。

具体实验步骤如下。

（1）打开并登录 SenseStudy·AI 实验平台，单击"教学平台实验列表"，选择并进入"图像的人脸交换"实验界面。

（2）进入实验界面后，在积木块选择区中选择"变量"模块，创建变量"path1""image1"积木块，并将"path1"积木块和"将 image1 设为 0"积木块拖入编程区，如图 3-21 所示。

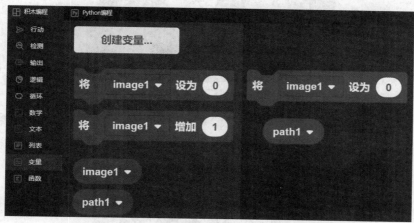

图 3-21　创建变量"path1""image1"积木块

（3）从积木块选择区中拖入"加载图像___"积木块，并嵌入到"将 image1 设为 0"积木块的"0"的位置处，将"path1"积木块嵌入"加载图像___"积木块的空白处，如图 3-22 所示。

图 3-22　积木块嵌入效果图

（4）加入"将 path1 设为"wzj.jpg""积木块，与步骤（3）中的积木块组成图像读取部分，如图 3-23 所示。

图 3-23　图像读取

（5）用"显示图像 image1"积木块预览"path1"积木块中图像，如图 3-24 所示。

图 3-24　用"显示图像 image1"积木块预览图像

（6）重复上述方法，读取并显示"lc.jpg"图像，如图 3-25 所示。

图 3-25　读取并显示"lc.jpg"图像

（7）拖入"交换图像__与图像__中的人脸"积木块，并将变量"path1"和变量"path2"积木块嵌入，完成交换人脸的图像积木块，如图 3-26 所示。

图 3-26　交换人脸图像积木块

（8）创建变量"output"积木块，用于存储图 3-26 中经过交换的图像，并用"显示图像 output"积木块进行可视化，如图 3-27 所示。

图 3-27　可视化交换后图像

（9）单击"运行"按钮，"结果展示"区域会展示人脸交换后的图像，即"path1"中的人脸会替代"path2"中的人脸特征。

（10）交换"交换图像 path1 与图像 path2 中的人脸"积木块中的"path1"与"path2"，即"path2"中的人脸会替代"path1"中的人脸特征，积木块组合如图 3-28 所示。

图 3-28　积木块组合效果图

（11）实验效果如图 3-29～图 3-32 所示。输出的图像将两个人脸的特征（眼睛、嘴巴、鼻子）进行了交换。图 3-29 和图 3-30 为原图，图 3-31 和图 3-32 为交换五官特征后的效果图。

图 3-29　原图 1

图 3-30　原图 2

图 3-31　效果图 1

图 3-32　效果图 2

【实验 3】水果检测

实验目标：识别图片中的水果种类。

具体实验步骤如下。

（1）打开并登录 SenseStudy·AI 实验平台，单击"教学平台实验列表"，选择并进入"水果种类识别"实验界面。

（2）进入实验界面后，选择积木块选择区中的"检测"模块中的"初始化水果识别句柄"积木块、"根据模型___检测图片___中的水果"积木块、"使用___标记___中检测出的水果"积木块、"获取图片___的 HOG 特征"积木块，如图 3-33 所示。

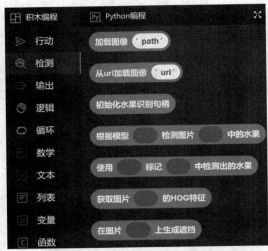

图 3-33 "检测"积木块选择区中的积木块

（3）"初始化水果识别句柄"积木块中包含了不同水果的图像特征。

（4）"根据模型___检测图片___中的水果"积木块可以根据水果模型检测图片中的内容是什么水果。

（5）"使用___标记___中检测出的水果"积木块可以将图片中检测出来的水果进行标记。

（6）"获取图片___的 HOG 特征"积木块用来获取图片方向梯度直方图特征。

（7）创建变量"img"积木块，并嵌入到"显示图像___"积木块中，用于加载平台图片"example1.jpg"，如图 3-34 所示。

图 3-34 加载平台图片

（8）显示从平台中加载的苹果图片，如图 3-35 所示。

图 3-35 加载苹果图片运行效果

（9）选择积木块选择区中的"变量"模块，创建变量"detector"积木块，并嵌入"初始化水果识别句柄"积木块，如图 3-36 所示。

图 3-36　嵌入"初始化水果识别句柄"积木块

（10）创建变量"detector_result"积木块，并与其他积木块进行组合，实现使用水果识别模型检测变量"img"图片中的水果，组合后的积木块如图 3-37 所示。

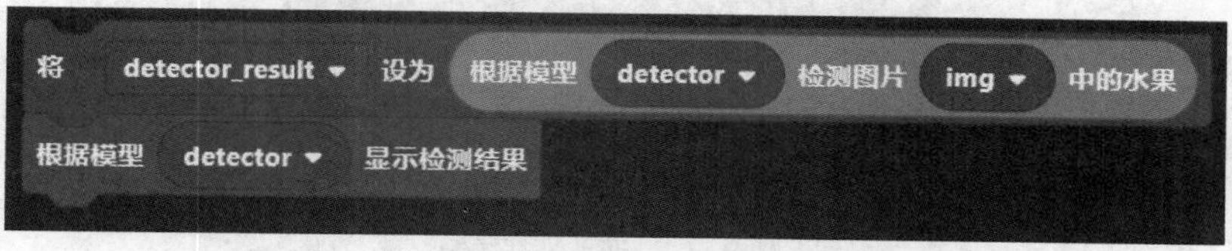

图 3-37　检测变量"img"图片中的水果的积木块组合

运行程序后发现检测结果为 apple（苹果）。

（11）创建变量"result_img"积木块，并与其他积木块进行组合，以对检测出的水果进行标记，以及显示标记结果的图像，组合后的积木块如图 3-38 所示。

图 3-38　检测并标记结果图像的积木块组合

（12）用黄色方框标记图片中的水果的效果如图 3-39 所示。

图 3-39　运行效果图

（13）创建变量"hog_info"积木块，并组合得到"将 hog_info 设为获取图片 result_img 的 HOG 特征"积木块和"画出 HOG 特征 hog_info"积木块，如图 3-40 所示。

图 3-40　获取并画出 HOG 特征的积木块组合

（14）图片的特征图像如图 3-41 所示。

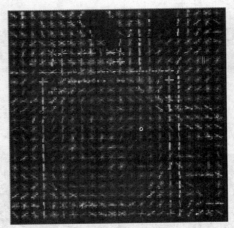

图 3-41　图片特征图像

（15）创建变量"block"积木块，并与其他积木块进行组合，以在原始变量"img"图像上生成一块黑色的遮挡图片，以及显示遮挡后的图像，组合后的积木块如图 3-42 所示。

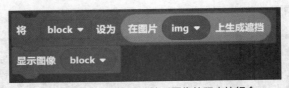

图 3-42　生成并显示遮挡后图像的积木块组合

（16）使用黑色图片遮挡住大部分苹果的图像如图 3-43 所示。

图 3-43　运行效果图

（17）创建变量"object_result"积木块，并与其他积木块进行组合，实现使用水果识别模型检测变量"block"图片中的水果，组合后的积木块如图 3-44 所示。

图 3-44　检测水果种类的积木块组合

程序运行后发现检测结果为 Nothing（无，检测不出是什么水果）。

（18）创建变量"object_imgs"积木块，并与其他积木块进行组合，以对检测出的水果进行标记，以及显示标记结果的图像，组合后的积木块如图 3-45 所示。

图 3-45　检测并标注结果图像的积木块组合

（19）程序运行后标记不出任何水果，运行效果如图 3-46 所示。

图 3-46　运行效果图

（20）将变量"hog_info"积木块与其他积木块进行组合，用于获取变量"object_imgs"检测出的水果的 HOG 特征，并且画出 HOG 特征，如图 3-47 所示。

图 3-47　检测并画出 HOG 特征的积木块组合

（21）被黑色正方形图片遮挡后的图像特征如图 3-48 所示。

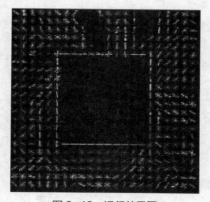

图 3-48　运行效果图

（22）未遮挡情况下的实验效果如图 3-49 所示。

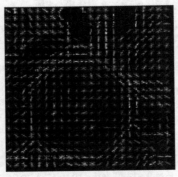

图 3-49　实验效果图

本章小结

　　本章从图像匹配、图像分割和目标检测 3 个方面介绍了计算机视觉相关技术，涉及的实验有人物表情识别、图像人脸交换、水果检测，希望读者能通过不同方面的实验理解计算机视觉相关应用技术。

课后习题

一、选择题

1. 计算机中存储的图像是（　　　　）。
   A. 模拟图像　　　　　　　　　　　　　B. 数字图像
   C. 黑白图像　　　　　　　　　　　　　D. 彩色图像
2. 数字图像的最小单位是（　　　　）。
   A. 像素　　　　　　　　　　　　　　　B. 分辨率
   C. 点　　　　　　　　　　　　　　　　D. 位
3. 提取人脸关键点时，图像处理可以忽略的信息有（　　　　）。
   A. 眉毛　　　　　　　　　　　　　　　B. 胡须

    C. 眼睛　　　　　　　　　　　　　　　D. 嘴唇

4. （　　　）指将一张图像中的每个像素按照语义类别进行分类的任务。

    A. 实例分割　　　　　　　　　　　　　B. 语义分割

    C. 特征分割　　　　　　　　　　　　　D. 像素分割

5. （　　　）用于区分属于相同类别的不同实例。

    A. 实例分割　　　　　　　　　　　　　B. 语义分割

    C. 特征分割　　　　　　　　　　　　　D. 像素分割

6. 图像分割的一种重要途径是通过（　　　　），即检测灰度级或者结构具有突变的地方，表明一个区域的终结，即另一个区域开始的地方。

    A. 边缘检测　　　　　　　　　　　　　B. 灰度阈值分割

    C. 基于区域图像分割　　　　　　　　　D. 像素分割

7. （　　　）是一种最常用的并行区域技术，它是图像分割中应用数量最多的一类，其优点是计算简单、运算效率较高。

    A. 边缘检测　　　　　　　　　　　　　B. 灰度阈值分割

    C. 基于区域图像分割　　　　　　　　　D. 像素分割

8. （　　　）是指采用某种准则，将图像划分为多个区域，得到分割结果。

    A. 边缘检测　　　　　　　　　　　　　B. 灰度阈值分割

    C. 基于区域图像分割　　　　　　　　　D. 像素分割

9. （　　　）任务就是以包围盒（Bounding Box）形式进行标注，也就是标框标注的形式。

    A. 目标定位　　　　　　　　　　　　　B. 目标检测

    C. 区域检测　　　　　　　　　　　　　D. 区域定位

10. （　　　）的任务是定位出该目标的位置并且知道目标物是什么。

    A. 目标定位　　　　　　　　　　　　　B. 目标检测

    C. 区域检测　　　　　　　　　　　　　D. 区域定位

二、填空题

1. 计算机视觉是一门研究如何对_____进行高层理解的交叉学科。

2. _____是指通过一定的匹配算法在两幅或多幅图像之间识别同名点。

3. 目标检测只需要框出每个目标的包围盒，_____需要进一步判断图像中哪些像素属于哪个目标。

4. 图像特征就是图像中物体的特征，也就是要说明图像中物体的形状、大小等特征参数。待识别的图像通过计算产生一组原始特征，称为_____。将原始特征通过映射或变换等方法使特征更易描述，这个过程称为_____。

5. 通常将目标检测任务细分为两个子任务，即_____与_____。

三、简答题

1. 计算机视觉研究的目的是什么？它和图像处理及计算机图形学的区别和联系是什么？

2. 实现图像分割有哪几类技术方法？各自的特点是什么？

3. 目标检测的难点是什么？

第4章
自然语言处理

04

人工智能的发展分为 4 个层次：运算智能、感知智能、认知智能和创造智能。运算智能指的是计算机的运算能力和存储能力，这一点计算机早已远远超过了人类。感知智能指的是计算机使用各类感知元器件（如雷达、感应器）感知自然界，实现类似人类的视觉、嗅觉、触觉和听觉等感知能力。认知智能指的是计算机能够"理解并思考"问题，其中自然语言理解就是认知智能当中最核心的部分之一。对自然语言的深入理解引导人工智能推理能力的进步，推动人工智能整体向前发展。而创造智能指的是对未见过、未发生的事物，运用经验，通过想象力设计、实验、验证并予以实现的智力过程。

本章要点

- 自然语言处理的发展阶段
- 自然语言处理的概念表示
- 自然语言处理的知识表示
- 知识图谱
- 语音处理

4.1 自然语言处理的发展阶段

自然语言处理是计算机科学结合人工智能技术实现有效分析、理解和生成人类自然语言的一种方法和技术，以便计算机和人类之间的沟通和交流。

人类自然语言发展数千年，一个人从出生开始学习说话，到逐步学会阅读和写作，一直在使用人类自然语言表达和交流，可以说它是人们常用的交流形式。然而，在互联网高速发展的今天，自然语言文本形式的数据通过不同媒介和方式出现，数据量以爆发式的速度增长，并遍布在互联网上，如网络上不停发布的新闻、广告、诗词、歌曲、文章等。使用人工智能技术处理这些数据，使得计算机能够像人类一样理解语言的含义，同时也能以语言的形式表达特定意图，是自然语言处理的目标之一。

4.1.1 自然语言处理的基本任务

自然语言处理常被认为是人工智能技术发展程度的重要评价指标。人类最早对自然语言处理的需求源自翻译工作人员。由于社会的发展，人们对翻译的要求越来越高，因此计算机工程师尝试使用计算机对语言、词汇进行翻译。

　　自然语言处理有 4 个基本的步骤：分词、词性标注、句法分析和实体识别。自然语言处理示例如图 4-1 所示。

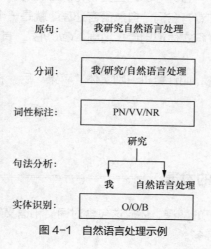

图 4-1　自然语言处理示例

1．分词

　　对于一个中文句子，需要根据词法将整个汉字序列按词性切分成词序列。例如，中文句子"我研究自然语言处理"将被切分为"我/研究/自然语言处理"。这是自然语言处理中最基础的一项工作，后面所有的工作都必须基于这部分工作的结果开展。因此，分词结果正确与否决定了后续语言处理的质量。

2．词性标注

　　下面对分词结果进行词性标注，如标注名词、动词和副词等。

　　对于分词结果"我/研究/自然语言处理"的标注结果是"PN/VV/NR"。标注结果含义如下。

- PN：表示"我"，对应的词性为代词。
- VV：表示"研究"，对应的词性为动词。
- NR：表示"自然语言处理"，对应的词性为专有名词。

3．句法分析

　　识别出各个词组的词性还不够，还需要使用特定的结构来表示词组之间的依存关系，即使用树状结构表示整个句子的句法，和各个词组之间的关系。对于中文句子，最简单、最易于理解的句法是"主-谓-宾"的结构。

　　在句法树中，最核心的部分是核心动词（谓词），它是整个句法树的根节点。其他的词组要么被核心动词支配，要么从属于其他成分。

　　在上述的词性标注结果中，谓词"研究"是整个句法树的根节点，代词"我"是谓词"研究"对应的主语，专有名词"自然语言处理"是谓词"研究"对应的宾语。PN 和 NR 都被 VV 支配。

　　中文句子中的依存关系还有很多种，如动宾关系、并列关系和动补关系等。

　　只有生成正确的句法树，计算机才能正确理解句子的核心意义，并得到相关的补充信息。对长句的句法分析尤其重要，句法树生成错误，就像人类无法理解长句一样，最终会影响对语言的理解和沟通。

4. 实体识别

在句子中，有些名词是指代名词，如"我"和"民族"不对应任何命名实体，而有些名词是有特殊意义的，如人名、地名和专有名词等。这些具有特殊意义的名词需要识别出来，这样就可以让计算机得到名词的其他信息，如专有名词"自然语言处理"就是一个命名实体。

对上述句法分析中的结果进行实体识别后，得到"O/O/B"，其中，O 表示不是任何命名实体，B 表示命名实体。

实体识别有利于信息的补充，如计算机识别实体"苹果"后，将自动添加以下信息。

- 属于一种水果。
- 颜色：绿色、红色。
- 可以食用。

4.1.2　自然语言处理的发展

自然语言处理不仅仅指词汇的翻译，还应该包含对词义和语义的理解，这样才能让计算机理解语言的深层含义，并完成智能任务。

自然语言处理的发展历史可以大致分为以下四个阶段。

1. 基于规则的自然语言处理（20 世纪 60 年代至 20 世纪 80 年代）

早在 20 世纪 50 年代，人们就根据查询字典的方式让计算机进行逐词翻译，这种方式类似于解读密码，1959 年，美国宾夕法尼亚大学的转换和话语分析项目（Transformation and Discourse Analysis Project，TDAP，最早的英语自动剖析项目）就是基于这一思路研发的。然而不同语言的句法结构不同，单纯地通过词汇查找翻译出的句子的可读性较差，因此人们开始加强对词法分析、句法分析、语义分析等语言模型的研究。

由此推动了基于规则的自然语言处理技术的发展。规则基于人类的内省知识，由人类在计算机中制定。规则一旦建立，则符合该规则的数据都可以被识别。

1976 年，加拿大蒙特利尔大学和加拿大联邦政府翻译局联合开发了机器翻译系统 TAUM-METEO。该系统用于提供天气预报服务，每小时可以翻译 6 万～30 万个词，每天可翻译 1000～2000 篇气象文献。

这个阶段的自然语言处理有以下特点。

- 规则建立成本较低，系统起步较快。
- 规则适用于强语言规范的特定领域的语言理解。
- 规则获取方式有限，难以穷尽。
- 规则都有适用条件，且不易被修改。
- 有限的规则无法解决丰富多样的语法现象。

2. 基于统计的机器学习（20 世纪 90 年代开始至 2012 年）

由于规则的局限性，基于统计的机器学习开始流行。计算机计算速度的提高和存储量的大幅增加，催生了大量的真实文本，基于互联网搜索与信息抽取的需求，人们在基于规则的处理中引入了统计方法，通过数据驱动的方法发挥了计算机的优势。

基于统计的机器学习主要有以下几个步骤。

（1）人工抽取特征，并以此建立机器学习系统，设定好参数。

（2）人工标注真实语料数据。

（3）利用标注后的数据在机器学习系统中进行学习，对输入的数据进行解码、输出。

（4）根据输出的数据不断调整、优化机器学习系统中的参数，继续上一步，直至参数满足需求。

基于统计的机器学习通过大规模的真实语料统计和概率计算，可以预测未来某件事发生的概率。

3. 基于神经网络的自然语言处理（2012 年以后至 2018 年）

近年来，深度学习进入自然语言处理研究者的视野，人们开始尝试使用深度学习进行搜索词和文档的相似度计算，以提高搜索引擎的相关度。不仅如此，深度学习在机器翻译、机器学习等领域也得到了应用。相应的里程碑事件是 IBM 公司研发的 Watson 参加了综艺问答节目 *Jeopardy*。在节目中，Watson 仅仅依靠 4TB 磁盘中的 200 万页结构化和非结构化的信息，成功战胜了人类选手取得冠军。谷歌推出了谷歌神经机器翻译（Google Neural Machine Translation，GNMT），相比基于词组的机器翻译（Phrase Based Machine Translation，PBMT），英语到西班牙语的翻译错误率下降了约 87%，英语到中文的翻译错误率下降了约 58%。

这个阶段的自然语言处理具有以下特点。

- 需要足够多的标注数据（和机器学习相同）。
- 无须人工进行特征抽取，即可使用神经网络建立语言模型（和机器学习不同）。
- 循环神经网络可以对一个不定长的句子进行编码。
- "编码-解码"技术可以实现句子之间的转换（不用制定太多规则）。
- 强化学习技术可以通过反馈调整各级神经网络的参数，进而提高系统性能。

4. 预训练+微调（2018 年以后）

这个阶段的自然语言处理技术开始进入到大规模、可复制的工业化实施的全新阶段，该阶段的自然语言处理的训练成本更低且训练速度更快。

当前研究者称该阶段的自然语言处理的范式为"预训练+微调"，其主要思路如下。

（1）预训练。使用大规模语料库数据，利用各种技术（如无监督学习方法或监督学习方法）训练自然语言处理系统中的大部分参数得到一个通用的预训练模型的过程称为预训练。

（2）微调。根据不同应用设计相应的自然语言处理任务，微调预训练模型的部分参数使之满足特定的自然语言处理任务要求的过程称为微调。

自然语言处理的微调任务大致包含以下 3 类。

（1）自然语言理解（Natural Language Understanding，NLU）任务，如文本分类、问答、实体识别等。

（2）长文本生成任务，如新闻或者故事生成等。

（3）序列到序列生成任务，例如摘要生成、复述生成、对话生成、机器翻译等。

通过这种模型，使用大规模语料库训练得到的语言知识不仅可以应用到下游的自然语言处理任务中，也可以扩展到多语言和多模态训练模型中。

微软亚洲研究院在 2020 年 2 月底发布了跨任务统一模型 UniLM 2.0。UniLM2.0 可以用一个模型同时支持不同的下游任务和预训练任务。UniLM2.0 的核心是通过同样的自注意力掩码（Self-attention Mask）来控制文本中每个词的上下文，从而使一个模型同时支持双向语言模型、单向语言模型和序列到序列语言模型预训练任务。这使得学习的文本表示更通用，减轻了对所有单个任务的过度拟合，缓解了跨任务中出现的低资源问题。

预训练模型不仅能够缓解跨任务中出现的低资源问题，还能够缓解跨语言中出现的低资源问题。如果利用特定任务在某种语言的标注数据上训练模型，然后将学到的知识迁移到其他语言上去，不同的语言表示能够对应到语义空间中，这样将解决某些语言缺少语料库的问题。

微软亚洲研究院提出的跨语言预训练模型 Unicoder，在预训练过程中引入 5 个不同的跨语言任务，能够学习到同一语义在不同语言中的对应关系。Unicoder 模糊了不同语言之间的差异和边界，并由此获得进行跨语言下游任务模型训练的能力。这样，Unicoder 通过使用在某种语言上充足的语料库数据，进行下游任务模型的微调，可以将微调后的模型直接应用到其他语言输入上。

4.2 自然语言处理的概念表示

知识是由概念组成的，要想表达知识，就要先准确地表达概念。

什么是概念呢？如何定义概念？这里介绍几种主要的概念理论。

4.2.1 经典概念理论

概念的精确定义就是可以给出一个命题。在这种理论中，对象对概念的归属是一个二值问题，即属于或不属于，必居其一。

概念包含概念名、内涵和外延。

（1）概念名。概念名是一个词，例如"奇数"。

（2）内涵。概念的内涵是一个命题，即用来定义概念和反映概念本质的陈述句。例如概念"奇数"的内涵是"不能被 2 整除的整数"。

（3）外延。概念的外延指的是属于该概念的具体对象的集合，集合中的元素都是满足该概念内涵表示的，并且对象可观、可测。例如"质数"的外延是{1, 3, 5, 7, 9, …}。

经典概念的内涵和外延都可以进行计算，不同的是，内涵进行数理逻辑操作，外延进行集合论计算。

1. 数理逻辑

概念的内涵是一个命题，数理逻辑中 1 表示命题为真，0 表示命题为假。

命题分为简单命题和复杂命题。简单命题也被称为原子命题，不可再分，如"欧拉常数是无理数"。简单命题通常使用小写字母如 p、q 等表示。

（1）逻辑联结。

在日常生活中，很多命题都不属于简单命题，使用逻辑联结词将简单命题联结起来就是复杂命题，如"如果时间来得及，我就先去买件衣服"。常见的逻辑联结词有以下 5 种。

① 否定联结词 ¬。

命题 p：鲸是哺乳动物。复合命题 $\neg p$：鲸不是哺乳动物。

否定联结词类似汉语中的"非"，$\neg p$ 称为命题 p 的否定式。

② 合取联结词 ∧。

命题 p：今天是周末。命题 q：今天是国庆节。

则复合命题"今天是周末，还是国庆节"表示为 $p \wedge q$，称为命题 p 和 q 的合取式；命题"今天是周末，但不是国庆节"表示为 $p \wedge \neg q$。

数理逻辑中规定当且仅当 p 和 q 都为真时，$p \wedge q$ 才为真，否则为假。

③ 析取联结词 $\vee$。

析取联结词类似汉语中的"或者"，但在数理逻辑中析取联结词表示"排斥或"和"兼得或"两种意义。

例如，有命题 p"今天是星期一"，命题 q"今天是星期二"，则命题"今天是星期一或星期二"表示为 $p \vee q$，$\vee$ 表示"排斥或"。

例如，有命题 p"林鸣的身高是 1.62m"，命题 q"林鸣今年 21 岁"，则命题"林鸣的身高是 1.62m 或他今年 21 岁"也表示为 $p \vee q$，$\vee$ 表示"兼得或"。

因此在数理逻辑中，任意两个命题都可以使用析取联结词联结成一个新命题。

数理逻辑中规定当且仅当 p 和 q 都为假时，$p \vee q$ 才为假，否则为真。

④ 蕴涵联结词 $\rightarrow$。

蕴涵联结词 $\rightarrow$ 也称为条件联结词，表示"如果 p，则 q""除非 p，则 q""只有 q，才 p"等命题。复合命题 $p \rightarrow q$ 称为 p 和 q 的蕴涵式，它的逻辑关系为 q 是 p 的必要条件。

在数理逻辑中规定当且仅当 p 为真且 q 为假时，复合命题 $p \rightarrow q$ 才为假，否则为真。例如，有命题 p"林杨帆今年 3 岁"，命题 q"林杨帆身高 1.82m"，若 p 为真且 q 为假，则复合命题 $p \rightarrow q$ 结果为假。

以上命题是生活中的实例，一般前件（表示条件的命题）p 和后件（表示依赖条件而成立的命题）q 存在某种内在联系。然而，不能完全按照自然语言的方式去理解复合命题 $p \rightarrow q$ 的逻辑，数理逻辑不要求前件 p 和后件 q 存在某种关联，它们之间完全可以没有任何内在联系。

例如，有命题 p"林杨帆今年 3 岁"，命题 q"王明是大学生"，此时复合命题 $p \leftrightarrow q$ 也是合法的，因为数理逻辑对 p 和 q 的内在联系不做要求。

⑤ 等价联结词 $\leftrightarrow$。

复合命题 $p \leftrightarrow q$ 称为 p 和 q 的等价式。数理逻辑中要求仅当 p 和 q 同为真或同为假时，复合命题 $p \leftrightarrow q$ 才为真，否则为假。

要指出的是，在日常生活的表述中，简单命题并不是最终的表示方式。

例如，命题：任何人都会衰老。因为小明是人，所以小明也会衰老。

（2）谓词逻辑。

以上命题恒为真，但是使用简单命题无法进行推断，需要对命题进行进一步分解和研究。命题是陈述句，一般还分为主谓结构和主谓宾结构。使用谓语将命题进一步进行分解和研究的逻辑称为谓词逻辑。

① 个体词。

个体词对应的是主语或宾语，分为常项和变项。

个体词可以是独立存在的具体客体，例如苏格拉底、宇宙等，通常使用小写字母 a, b, c 表示，称为个体常项；个体词也可以是泛指的客体，例如动物、质数等，通常使用小写字母 x, y, z 表示，称为个体变项。

② 谓词。

谓词表示个体具有的性质或个体之间的关系，分为常项和变项，常用大写字母 F, G, H 等表示，下面以 F 为例说明谓词关系。

- $F(x)$：个体变项 x 具有性质 F。
- $F(x_1, x_2, \cdots, x_n)$：个体变项 $x_1, x_2, \cdots, x_n$ 具有关系 F。
- $F(a)$：个体常项 a 具有性质 F。
- $F(a_1, a_2, \cdots, a_n)$：个体常项 $a_1, a_2, \cdots, a_n$ 具有关系 F。

拥有 n 个变项的谓词称为 n 元谓词，而 $F(a)$ 或 $F(a_1, a_2, \cdots, a_n)$ 可以称为 0 元谓词。

③ 量词。

量词分为全称量词（所有、任何一个、凡等词）和存在量词（有一个、有些、存在等词）。量词用于建立个体常项和个体变项之间的关系，如"自然数中存在 1 个数"。全称量词使用符号 $\forall$ 表示，$\forall x$ 表示个体域中所有个体；存在量词使用符号 $\exists$ 表示，$\exists x$ 表示个体域中某个个体。

- $\forall x F(x)$：个体域中所有个体 x 都具有性质 F。
- $\forall x \forall y F(x, y)$：个体域中所有个体 x, y 都具有关系 F。
- $\exists x \exists y F(x, y)$：个体域中某个 x 和某个 y 具有关系 F。

由此，命题可以使用符号化的个体、谓词和量词进行推理和演算。当概念的内涵表示为命题时，概念之间可以使用数理逻辑进行组合运算。

例如，命题 p：如果天变冷，我就穿外套。

令 a 代表"天"，$F(x)$ 代表"x 变冷"，b 代表"我"，$G(x)$ 代表"x 穿外套"，则命题 p 可转换为 $F(a) \rightarrow G(b)$。

又如，命题 q：任何人都会衰老。因为小明是人，所以小明也会衰老。

令 x 代表"人"，$F(x)$ 代表"x 会衰老"，a 代表"小明"，$G(x)$ 代表"x 是人"，则命题 q 可转换为 $(\forall x(G(x)) \longrightarrow F(x) \wedge G(a)) \rightarrow F(a)$。

2. 集合论

概念是抽象化的，而概念指称的由所有对象组成的整体称为集合。集合称为概念的外延，集合中的元素就是对应概念的指称对象。例如作家是一个概念，老舍和鲁迅就是这个概念的外延，是作家集合中的两个元素。

一般使用大写字母来表示集合，例如自然数集 N 和有理数集 Q。自然数表示概念名，N 是自然数在数学中的表示方式。

集合有两种表示方式：枚举法和谓词表示法。

（1）枚举法。

枚举法适合表示可以穷尽元素的简单集合，使用 { } 枚举出所有元素，元素之间使用英文逗号隔开，如自然数集 N={0,1,2,…}。

（2）谓词表示法。

当枚举法无法枚举集合中所有元素时，使用谓词概括集合中元素的特征，将谓词符号化来表示元素的属性。

元素和集合之间是隶属关系（属于或不属于），同一个层次的概念所表示的集合之间也有各类关系。

① 隶属关系。

属于的符号为 $\in$，不属于的符号为 $\notin$。

集合 $A=\{a_1,a_2,a_3,\{b_1,b_2\}\}$，则 $a_1 \in A$，$\{b_1,b_2\} \in A$，但 $b_1 \notin A$。

② 包含关系。

包含关系很常见，只要集合 A 中的所有元素都在集合 B 中，则称 A 被 B 包含，表示为 $A \subseteq B$。$A \nsubseteq B$ 表示为 A 不被 B 包含。

因为隶属关系指的是不同层次之间的集合关系，所以对于任意集合，都有 $A \notin A$。在包含关系的定义中集合可以在同一个层次，因此对于任意集合，都有 $A \subseteq A$。

对于 $A \subseteq B$，通过将谓词符号化表示为 $\forall x(x \in A \rightarrow x \in B)$。

当概念的外延表示为集合时，概念之间也可以使用集合进行运算。集合的每一种运算都可以使用谓词进行符号化表示。

4.2.2　原型理论

经典概念理论的核心在于对概念进行精准"定义"，而原型理论（Prototype Theory）则认为概念可以使用一个原型表示。E.罗施（E.Rosch）、C.梅尔维斯（C.Mervis）、L.里普斯（L.Rips）、E.史密斯（E.Smith）、J.汉普顿（J.Hampton）等人认为，概念可以由范畴成员的一组典型特征组成，这些典型特征的总和叫作该范畴的集中趋势或原型。

原型理论具有以下特点。

1．概念原型具有概念范畴的概括性表征

原型是概念的最理想代表，例如，对哺乳动物这个概念，狮子、老虎等都具有肺呼吸、长皮毛、胎生、恒温等属于哺乳动物的特点，而鲸虽然也是哺乳动物，但不能当作哺乳动物的原型。

2．对象的概念归类

原型理论认为，一个对象是否属于某一个概念，是由它的特征与原型的特征匹配数目决定的。在同一个概念里，某个对象对概念的隶属度不一定是 1，它之所以属于这个概念而不是其他概念，仅仅是因为它更像这个概念的原型而不像其他概念的原型。

3．概念原型不好确定

影响概念原型确定的因素有很多，首先是文化差异造成的概念原型变化，如知更鸟对美国人来说是经典的鸟的原型，而对于中国和其他国家来说却知之甚少，更不会将它作为鸟的原型；其次生活情境的变化导致原型不同，例如，在餐具情境下，我国人们的典型词语大多为筷子，而一些西方国家的人们认为刀叉是典型词语。

4．原型无法解释概念组合现象

原型无法像经典概念理论那样对概念进行运算，只是将现实中的某个对象作为概念的最贴切代表。因此，原型无法解释概念组合现象。例如，对于蓝绿色，它既有蓝色的核心特征，也有绿色的核心特征，那它属于哪个概念呢？蓝色还是绿色？

4.2.3　样例理论

因为日常生活中很多概念的边界不清晰，无法找到一个经典的原型（例如清高、丑陋等），所以样例理论认为一个概念不是由一个原型来表示，而是由几个经典的样例来表示的，理由是人们要对一个概念形成清晰的认知，不能单纯依靠一个原型。例如高贵，人们不能学习符合这个概念的所有样本，也不能单纯依靠字面的意思来理解这个概念。高贵具有多种表现形式，每种形式都有已知的典型、常见的样例。人们通过对多个样例的学习，最后对高贵形成认知。

样例理论认为，某个样例之所以属于某个概念，仅仅是因为它更符合该概念的经典样例表示而不是其他概念的经典样例表示。

概念具有多种表示方式，可能是经典概念理论的命题表示，可能是原型表示，可能是样例表示，也可能是 4.3 节讲述的自然语言处理的知识表示，通常人们根据实际情况选择不同的表示方式。

4.3 自然语言处理的知识表示

人们在生活中对客观世界积累起来的经验和认识就是知识。知识表示就是对知识的描述，为了让计算机存储和使用知识，就需要先用计算机能够理解的方式来描述知识，将知识形式化或模型化。

知识大致可以分为 4 种：概念、规则、事实和事件。"哺乳动物""飞禽"就是概念，它对客观事物进行抽象总结；"气温下降了，需要添加衣物"就是规则，在计算机中它表示为"如果气温下降，则需要添加衣物"，它表示的是因果关系；还有客观描述的事实，例如"海南是中国的一个省"也是知识；事件描述的是动态的信息，包含对象和状态的变化，例如"他摔倒了弄得一身泥"，其中就包含"他"状态的变化和事件的过程。

知识具有以下特性：相对正确性、不确定性、可表示与可利用性。

1. 相对正确性

知识是人们在一定的时间和环境下对客观事物的认识和总结，因此知识具有时间和空间限制特性。对于人们现在认为正确的知识，换了环境就不一定正确了。例如"冬天会下雪"，这在寒冷的哈尔滨是正确的，但是在温暖的海口却是错误的。在人工智能领域，领域专家为了确保知识的相对正确性，都会对知识添加一些限定条件，而不是放宽求解问题的范围。

2. 不确定性

知识可能是模糊的，例如"他的肤色较白"，这里的"较"就是模糊的表示，它具有相对比较的特点；知识可能是受经验限定的，因为经验是领域专家提供的，这类经验受到个人经验和能力等因素影响，本身就具有不确定性和模糊性；知识可能是不完备的，因为人们对客观世界的认识是逐步提高的，所以当前的经验可能没有抓住事物的本质而导致知识不完备，例如现在人们认为水星上没有生命，但这可能是在人们对水星的认识不完备的情况下得出的，这种知识是不确定的；知识还可能是随机的，例如"咳嗽是受凉引起的"这条知识，虽然有时候受凉会咳嗽，但是细菌感染也会咳嗽，所以"咳嗽是受凉引起的"具有不确定性。

3. 可表示与可利用性

各种形式的知识需要表示出来才能被存储和传播。口口相传、书籍记录都是对知识的记录和传承形式。知识的可利用性指的是知识可以被用来解决各类问题，可以对知识进行再创造。

下面介绍几种知识表示方式。

4.3.1　产生式表示法

"产生式"由美国数学家 E.波斯特（E.Post）在 1934 年首先提出，产生式表示法又被称为"产生式规则表示法"，这种表示方法在专家系统方面应用较多，是人工智能应用最多的一种知识表示方式。

产生式表示法通常用于描述事实和规则，适合表示规则性规则和事实性规则。

1.　产生式表示法的形式

（1）确定性规则。

该类规则的知识表示基本形式为：

$$\text{IF } p \text{ THEN } q$$

类似于 IF 语句，这类规则包含条件（或称前件、左部）p 和结论（或称操作、后件、右部）q。例如"如果它是一只鹰，那么它会飞"，使用产生式表示法表示为"IF 它是一只鹰 THEN 它会飞"。其中 p 是条件"它是一只鹰"，q 是结论"它会飞"。

（2）不确定性规则。

不确定性规则使用置信度表示规则的不确定度，其基本形式为：

$$\text{IF } p \text{ THEN } q(置信度)$$

例如，"如果喉咙发红，则 80%的可能性为喉咙发炎"，使用产生式表示法表示为"IF 喉咙发红 THEN 喉咙发炎(0.8)"。它表示当条件满足时，结论"喉咙发炎"的置信度为 0.8，这也是知识的强度，表示了知识的不确定性。

（3）确定性事实。

确定性事实使用三元组表示：

$$(对象,属性,值)或(关系,对象 1,对象 2)$$

例如，确定性事实"李青的学历是研究生"表示为(李青,学历,研究生)，"李青和林艺是同事"表示为(同事,李青,林艺)。

（4）不确定性事实。

不确定性事实使用四元组表示：

$$(对象,属性,值,置信度)或(关系,对象 1,对象 2,置信度)$$

例如，"李青的学历可能是研究生"表示为(李青,学历,研究生,0.8)，"李青和林艺不太可能是同事"表示为(同事,李青,林艺,0.2)。

2.　产生式系统

因为产生式表示法适合表示具有因果关系的过程性知识和启发性知识，所以目前很多专家系统主要使用产生式表示法。把很多的产生式规则组合在一起相互协同，一个产生式规则生成的结论可以作为另一个产生式规则的事实使用，从而对问题进行求解，这样的系统称为产生式系统。

一个产生式系统由规则库、推理机和综合数据库组成，如图 4-2 所示。

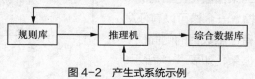

图 4-2　产生式系统示例

产生式规则的集合称为规则库。在建立规则库时，需要对规则库中的知识进行有效组织和管理，以检测和排除冗余的知识，避免系统访问那些与求解问题无关的知识。

综合数据库不同于一般的关系数据库，综合数据库存放的是问题的初始状态、原始证据、推理过程中产生的状态和最终结论等信息。当规则库中的某条规则满足激发的条件，则该规则被激发并得到产生的结论，该结论会被保存起来，并作为其他生产式规则的已知事实。由于综合数据库里面的状态是变化的，因此综合数据库也是变化的。

推理机包含一组程序，用于控制整个生产式系统的运行，以最终得到问题的解。它的求解步骤如下。

（1）规则匹配。推理机根据一定的策略，搜索整个规则库，结合综合数据库中的已知事实，如果发现已知事实与规则库的条件（前件）一致或近似一致，则认为规则匹配成功。

（2）冲突消解。在（1）中匹配成功的规则可能多于一条，推理机必须对该冲突进行消解，最终选择其中一条规则使用。

（3）执行规则。规则的后件如果是结论，则将该规则执行后的结论存入综合数据库，作为其他规则要使用的已知事实；后件如果是操作，则执行相应的操作。对于不确定的知识，推理机还应该计算结论的置信度。规则执行后，综合数据库中的内容可能会被改变。

（4）终止检查。在执行规则后，推理机检查更新后的综合数据库。如果综合数据库中包含最终的结论，则表示推理结束，否则从（1）继续运行。

产生式表示法具有以下特点。

- 能很好地表示因果类知识，是一种非结构化的知识表示方法。
- 很难表示结构关系的知识。

4.3.2 框架表示法

与产生式表示法不同，框架表示法以"框架"的形式表示知识，适合表示结构化的知识。

框架表示法由美国的马文·明斯基于 1975 年提出，他认为人们对事物的认识都是基于"框架"的。例如说到"高楼"，人们立马就能联想到相关内容，如楼层、高度、用途等。对于不同的高楼，人们认为其只是在楼层、高度和用途等方面不同而已。

1. 框架的表示形式

框架表示法是基于"类"这个概念的，"类"是知识表示的基本单位。每个框架类似于一个类，框架中有一些槽，槽用于表示类的属性，而每个槽又有若干侧面进行描述，槽和侧面的属性值分别称为槽值和侧面值。

框架的一般表示形式如图 4-3 所示。

其中，约束条件是用于约束槽值和侧面值的。一个框架可以有任意数目的槽，一个槽可以有任意数目的侧面，一个侧面可以有任意数目的侧面值。

下面是一个关于学生的框架，如表 4-1 所示。

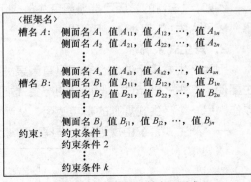

图 4-3 框架的一般表示形式

表 4-1　框架示例

框架	赋值框架示例
框架名：<学生>	框架名：<学生-1>
姓名：单位（姓、名）	姓名：林艺
年龄：单位（岁）	年龄：19
性别：范围（男、女），缺省：女	性别：女
入学年份：单位（年）	入学年份：2020
住址：<住址>	住址：<住址-1>

2. 框架赋值

"学生"共有 6 个槽，分别描述了"学生"6 个方面的属性。在每个槽中都有一些说明信息，包括对某些槽值的限制。如"范围"指槽值只能在指定范围挑选。又如性别只能是"男"或"女"，"缺省"表示的是当槽值未赋值时，系统默认给的属性值，当槽"性别"中不填写槽值时，则默认为"女"，这样可以省略一些填槽工作。

3. 框架嵌套

槽"住址"的槽值为另外一个框架的名字"住址"，由此建立了两个框架——"学生"和"住址"的联系，可以表示复杂的知识。在这种框架网络中，上层框架与下层框架的关系类似于类的继承。下层框架可以继承上层框架的槽值，也可以做一些修改和补充。因此，框架的划分粒度要适中。

框架表示法具有以下特点。

- 能很好地表示结构性知识，将事物的属性以及事物间的各种语义联系表示出来。
- 可以实现框架之间的嵌套，对于知识的描述比较全面，支持默认值。
- 构建成本高，对知识库的质量要求非常高。
- 无法表示不确定性知识。

4.3.3　状态空间表示法

状态空间表示法就是以"状态空间"的形式来表示问题及其搜索过程的一种方法。

状态空间可以表示为一个四元组：

$$(S, O, S_0, G)$$

其中的字母含义如下。

- S：状态集合。
- O：操作算子集合。
- S_0：问题的初始状态集合。
- G：目标状态集合。

它们之间的关系是：$S_0 \subseteq S$（S_0 是 S 的非空子集），$G \subseteq S$（G 是 S 的非空子集）。

初始状态 S_0 到目标状态 G 的求解路径包含多个算子，例如操作算子 $O_1, O_2, O_3, \cdots, O_n$ 使得初始状态 S_0 转换到目标状态 G，$O_1, O_2, O_3, \cdots, O_n$ 就是问题的一个解。当然，问题的解可以有多个，不一定唯一。

经典问题：有 3 枚硬币，分别处于正（即正面朝上）、反（即反面朝上）、反的状态，目前只有一枚硬币是正面朝上的，每次只能翻动一枚硬币，设计一个算法，要求连续翻动 3 次以后出现全正的状态。

1. 定义状态表现形式

在这个问题中，使用 X、Y、Z 分别表示 3 枚硬币的状态（1 表示硬币处于正状态，0 表示硬币处于反状态），使用一个三元组 (X, Y, Z) 表示该问题的状态。可知问题的初始状态有如下 8 种。

S_1: (1,1,1)。

S_2: (1,1,0)。

S_3: (1,0,1)。

S_4: (1,0,0)。

S_5: (0,1,1)。

S_6: (0,1,0)。

S_7: (0,0,1)。

S_8: (0,0,0)。

S 为这 8 种状态的集合，即 $S=\{S_1, S_2, S_3, S_4, S_5, S_6, S_7, S_8\}$。

2. 确定初始状态 S_0 和目标状态 G

因为 1 表示硬币处于正状态，0 表示硬币处于反状态，所以 S_0 为 (1,0,0)，G 为 (1,1,1)。

3. 定义操作算子

O_1: 表示翻转硬币 1。

O_2: 表示翻转硬币 2。

O_3: 表示翻转硬币 3。

4. 使用状态空间求解

如图 4-4 所示，可以很容易地看到从 S_0 转换到 G 的几种求解路径，状态的转换清晰明了。

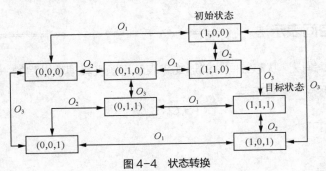

图 4-4　状态转换

在现实世界中，一些大型问题的全部状态图是不能在有限的时间内穷举的，节点越多，要搜索的时间就可能呈指数级增加，因此，人们需要研究能在可接受的时间范围内找到较好解的算法。

4.4　知识图谱

互联网技术的快速发展让人们可以分享知识，同时也产生知识。在这种背景下，人们需要将互联网上的信息表示成更符合人类认知的形式，以便让人们理解、组织、管理好它们。互联网上信息的表示，不仅要让人们理解，也要让计算机能够理解、处理。

知识图谱的概念是谷歌在 2012 年提出的，知识图谱将海量知识及其相互联系组织在一张大图中，用于知识的管理、搜索和服务。

当前有很多领域都开始研究基于知识图谱的服务，如清华大学的科技情报知识服务引擎 AMiner，它抽取了近亿级的学术文献数据，从互联网和文献中获取了各领域学者的简介、论文发表引用关系、知识实体和期刊信息等。用户可以使用 AMiner 进行特定领域的专家搜索、研究热点发现和研究趋势分析、机构关系分析等。

4.4.1 知识表示

1989 年，在欧洲核子研究组织工作的蒂姆·伯纳斯-李（Tim Berners-Lee）突破性地提出将超文本链接到互联网，自此用户可以通过互联网单击超链接浏览资源，也可以将自己的资源发布到万维网上。但是随着互联网技术的不断发展，人们发现万维网上的信息只能由人类理解、读取，而计算机却无法理解和推理。1999 年蒂姆·伯纳斯-李又提出了语义万维网（即语义网）的概念。在语义网中，信息可以被计算机读取、理解和推理，并完成特定智能服务任务，此时计算机和人能够在同一个网页中协同工作，毫无障碍。

由此可知，语义网就是万维网的另一种表现形式，两者都是图结构。万维网的节点是网页，里面包含各种超链接信息和文本内容，节点之间通过超链接关联，只有人类才能理解其中的内容。语义网的节点是语义信息，包含各种结构化的语义信息，这些语义信息不仅人类可以理解，计算机也能够理解和推理，各种资源以各种语义和超链接进行关联。

为了实现互联网内容从人类理解到机器理解的转变，万维网的描述语言势必要发生变化。

1. 可扩展标记语言

可扩展标记语言（Extensible Markup Language，XML）使用标签来标记互联网信息，"可扩展"性表现在 XML 的标签在不同领域和场景下是不同的，并且可根据需求进行扩展，因此具有很高的灵活性。通过这种统一化的表示方式，XML 能够传输和存储互联网上的数据。

XML 具有 3 个基本概念：标签、元素和属性。

标签成对出现，用于标识某一段数据，分别标记数据的开头和结尾，具有特殊的意义。结束标签与开始标签的名字完全相同，只是多了单斜杠/，例如超链接标签<a>和</a>。标签可以相互嵌套，但必须逐层嵌套，不能交叉使用，如表 4-2 所示。

表 4-2   XML 标签示例

正确嵌套	错误嵌套
status	status

元素是被标签包围的部分。例如status中的 status 就是一个元素，表示粗体显示的元素是 status。

属性处于开始标签中，用于给元素添加额外的信息。属性的表示形式为键值对，如<span id=

"A1">中的 id 就是标签 span 的属性，表示该文本的 id 为 A1，id 是键名，A1 是对应的值。一个元素可以使用多个属性进行说明，但是属于同一个元素的属性名不能相同。

由此可见，每个 XML 文档只有一个顶级标签，是一个树形结构。标签必须成对使用，可以嵌套使用但不可以交叉，因此元素可以拥有多个属性。

XML 胜在标签的灵活性，但因为标签允许自定义，同一个标签在不同的领域可能具有不同的意义，所以计算机无法精准理解标签的内容和识别标签之间的关系，当然也就无法进行语义的推理。

2．资源描述框架和资源描述框架模式

语义网需要一套统一的标准来描述万维网上的信息，并且各种网页中的信息要能够被集成以便计算机进行自动处理。很明显，XML 已经无法满足语义网在知识表示方面的要求。

（1）资源描述框架。

万维网联盟（World Wide Web Consortium，W3C）提出了新的语言标准——资源描述框架（Resource Description Framework，RDF）。RDF 于 2004 年成为 W3C 的正式标准，是语义网标准的核心。

RDF 解决了 XML 语法不具备语义描述能力的问题，它认为知识以三元组的形式进行表示。RDF 三元组表示为（subject, predicate, object），一个三元组也称为一条知识。subject 和 object 都对应一个个体或实例。其中 subject 是主语，object 是宾语，都可以看作图的节点；predicate 是谓语，可以看作图的边。互联网上的知识可以看成一个图或知识图谱，图的单元是一条知识或一个 RDF 三元组，如图 4-5 所示。

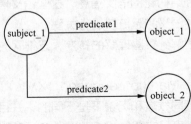

图 4-5　RDF 三元组

2006 年，人们开始使用 RDF 发布数据，形成知识图谱。在知识图谱中，如果相互链接的每个事物（资源）有且仅有一种表示方式，那么一定会有利于计算机的理解和知识运用。蒂姆·伯纳斯-李为了推动语义网的发展提出了链接数据的 4 个原则。

- 每个事物（资源）都使用统一资源标识符（Uniform Resource Identifier，URI）命名。
- 使用 HTTP URI，方便用户在互联网上搜索和查看知识图谱，实现互联。
- 每个事物都使用 RDF 进行描述，方便 RDF 图谱查询。
- 事物之间添加链接，以建立数据的关联。

由于链接数据统一了互联网数据，不同来源和格式的信息之间的隔阂被打破，数据得以连接和运用。

（2）资源描述框架模式。

资源描述框架模式（Resource Description Framework Schema，RDFS）是用来定义 RDF 中各种类和属性的描述性语言，相较于 XML，它能够表示资源间的继承关系和属性约束等，提供了各种基本的对类和属性的描述元语。

- rdf:type：指定个体的类。
- rdfs:subClassOf：指定类的父类。
- rdf:subPropertyOf：指定属性的父属性。
- rdf:domain：指定属性的定义域。
- rdf:range：指定属性的值域。

通过这种方式，人们可以指定元数据"医生"是另一个元数据"牙科医生"的父类，还可以描述各种元数据之间的关系，为以后的元数据交换打下基础，如图 4-6 和图 4-7 所示。

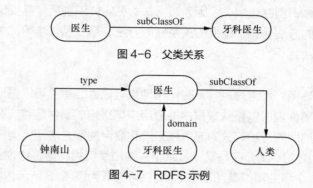

图 4-6　父类关系

图 4-7　RDFS 示例

3. 网络本体语言

相较于 XML，RDF 和 RDFS 虽然可以表示一些语义，但是在复杂的语境下它们的表达能力还是太弱。W3C 于 2002 年发布了网络本体语言（Web Ontology Language，OWL），将其作为在语义网上表示本体的推荐语言。

本体一般由概念（Concept）、实例（Instance）、关系（Relation）和公理（Axiom）组成。

概念也称为类，是对一组性质相近的对象集合的抽象表示。例如清洁工、飞行员、学生等都是概念。

实例是概念的实体化，它表示客观世界中的具体事务，例如李小宁是学生这个概念的实例。

关系指的是概念和概念、概念和实例或具体的数据之间的关联。例如表示概念之间的归属关系——教师和学校，表示概念和实例之间的关系——国家和中国，表示概念的特性——学生有性别、年龄等属性，表示属性的具体内容——年龄为 56 岁等。

公理是对规则的描述，例如确定甲是乙的父亲，乙有一个双胞胎弟弟丙，则可以推断甲也是丙的父亲。

OWL 是针对各方面需求设计而成的，它既保证对 RDFS 的兼容性，又保证更强大的语义表达能力，还保证描述逻辑的可判定推理等。OWL 更强的知识表示能力主要体现在对类和属性的语义表达上。除了沿用 RDFS 的方式外，OWL 还定义了属性的不同特性（对称性、传递性、函数性、可逆性和反函数性）、属性的值约束和基数约束等，这在一定程度上确保了推理的正确性。

4.4.2　知识抽取

传统的知识图谱需要领域专家利用专业知识构建，互联网技术的快速发展改变了知识的生产方式，也改变了知识图谱的构建方式。知识抽取是构建大规模知识图谱的重要环节，其目的是从不同来源、不同数据结构的数据中进行知识抽取并将抽取的知识存入知识图谱中。

1. 知识抽取的基本任务

（1）命名实体识别。

识别文本中的命名实体，如国家、时间、人物等。命名实体识别是知识抽取的基础，这些命名实体将被归到预定义的类别中，以备其他任务使用。命名实体识别的方法较为成熟，总体上分为基于规则的方法、基于统计模型的方法和基于深度学习的方法。

（2）关系抽取。

关系抽取与命名实体识别密切相关，因为通常在命名实体识别后，需要识别命名实体之间的语义关系。目前关系抽取的方法有基于模板的关系抽取方法、基于监督学习的关系抽取方法和基于弱监督学习的关系抽取方法。

（3）事件抽取。

事件指的是发生的事情，通常有人物、时间和地点等信息。事件可以是动作激发的，也可以是事物状态改变激发的。事件抽取需要从数据中抽取用户感兴趣的事件信息，并以结构化的形式对其进行组织与存储。事件抽取的方法可分为流水线方法和联合抽取方法两大类。

例如，文本"2月18日，某公司与某投资基金在海口举行揭牌暨签约仪式。海南生态软件园等64家省内外金融机构、企事业单位参加本次活动。"可抽取为表4-3所示内容。

表4-3　事件抽取示例

事件类型	签约仪式
时间	2月18日
地点	海口
参加对象	海南生态软件园等64家省内外金融机构、企事业单位

2. 知识抽取的数据

知识抽取的数据可以分为结构化、半结构化和非结构化3类。

（1）结构化数据。

结构化数据的知识定义和表示规范且完备，通常有预定义的数据模型，如已经建立好的、已有的知识图谱（如DBpedia）或关系数据库等。结构化数据很容易获取和利用，已经有一些标准和工具支持将关系数据库数据转换为RDF数据、OWL文本等。W3C于2012年发布了两种推荐的EDB2RDF映射语言（DM和R2RML），它们定义了关系数据库中的数据转换到RDF数据的各种规则；基于本体的数据访问（Ontology-Based Data Access）系统支持用户以知识图谱的形式直接访问关系数据库，直接使用SPARQL语句查询关系数据库中的信息。

（2）半结构化数据。

半结构化数据的知识定义和表示不完全规范，部分数据通过标签分离语义元素来保持数据的层次结构，但也存在部分数据结构化程度不足，需要进行一些处理才能进行知识抽取的情况。随着互联网技术的发展，这类数据愈加丰富，是知识获取的重要来源。例如百科数据、销售网站数据等都属于这种类型。

（3）非结构化数据。

非结构化数据的自由度最高，没有遵照严格的知识定义和表示。互联网上产生的大多数数据都属于此类，如新闻报道、科技文献、政府文件等，数据类型多样，可以是音视频、文本和图像等。

4.4.3　知识图谱的向量表示方法

前面关于知识图谱的表示方法大多是基于三元组的表示方法对知识进行组织的，这种离散的、符号化的表示方法能够有效地将数据结构化，但是在计算机中却不能进行语义计算。

面对数据量庞大的知识图谱，为了适应下游多样的应用，传统的表示方法应该做出改进。因此，学者们提出了知识图谱的嵌入方法，使用向量表示实体和关系。它的特点如下。

- 当知识图谱的内容映射到向量空间时，相应的算法就可以使用数值计算，计算的效率还可以得到提高。
- 下游应用的预训练向量使用嵌入的知识图谱，这样输入信息就包含一定的语义信息，而不再是孤立的数据。

4.4.4　知识图谱查询语言 SPARQL

与关系数据库不同，知识都存在知识图谱中，而知识图谱都是基于 RDF 进行表示的，所以需要借助知识图谱查询语言 SPARQL 进行操作。SPARQL 是声明式查询语言，是 W3C 指定的 RDF 图数据的标准查询语言。它为有效查询 RDF 图数据专门设计了三元组模式、子图模式、属性路径等多种查询机制。

4.5　语音处理

语音是人们进行沟通和交流的主要途径，语音处理的精准性直接影响人机交互的效果。语音处理主要包括语音识别、语音合成、语音增强、语音转换和语音情感等。

语音的采样就是将图 4-8 所示的声波按一定的时间间隔进行截取，使连续的模拟信号变成离散信号，如图 4-9 所示。采样过的音频可以存放到计算机中，最终将其进行还原。采样频率的高低决定了音频还原的真实度。

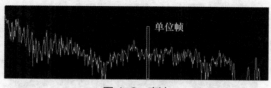

图 4-8　声波

图 4-9　采样后的波形图

然而这种采样的方式对于语音识别来说还远远不够，仅凭截取波形采样只能看出音高、音强和音长，而不能辨别语音的具体内容，既无法得出语音对应的文字，也不能识别音色。要想识别发出这段语音的人是哪位，需要进行进一步的特征提取和识别处理。

4.5.1 语音特征提取

语音信号复杂而多变，同一句话由不同的人说出来，可以表达出不同的情绪和内在含义。语音特征提取就是将语音中最核心的特征提取出来，过滤其他无用的信息。一个语音信号可以分为很多帧，一般每个帧长取值为 20~50ms，称为单位帧。

如图 4-10 所示，每个单位帧的语音都对应一个频谱，即每帧由多个频率的声波组成。取出其中一帧语音，分析它的频谱构成，如图 4-11（a）所示，其中横轴是频率，纵轴是幅度。

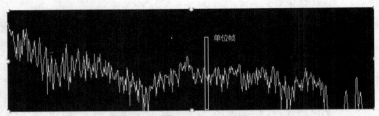

图 4-10　多帧组成的原始波形图

将图 4-11（a）中的每一个频率使用深浅不一的长方块表示，频率幅度越大，长方块的颜色越深，同时将横纵坐标逆时针旋转 90°，如图 4-11（b）所示，其表示的就是一个帧中的频谱。

将图 4-10 中的每帧语音都进行同样的处理，最终得到随时间变化的频谱图，即声谱，如图 4-12 所示。这个运算过程称为快速傅里叶变换，它是一种时域到频域的变换分析方法。

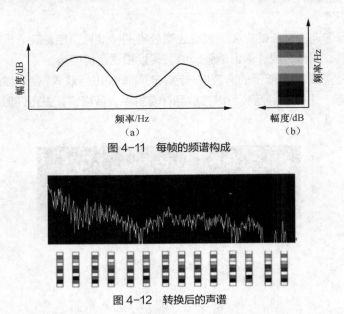

图 4-11　每帧的频谱构成

图 4-12　转换后的声谱

转换后的声谱还需要处理以满足人的听觉系统，过高或过低的频率大概率为噪声，需要先过滤掉。并且对人耳听觉机理的研究表明，人耳对不同频率的声波有不同的听觉敏感度。根据这些特性，经过处理可得到 3 种常用的声学特征：梅尔频率倒谱系数（根据人耳听觉特性计算）、梅尔标度滤波器组特征（保留特征维度间的相关性）和感知线性预测倒谱系数（利用人耳的听觉机理对人声建模）。

4.5.2　语音识别框架

得到语音特征后，还需要结合声学模型和语言模型进行解码搜索，如图 4-13 所示。

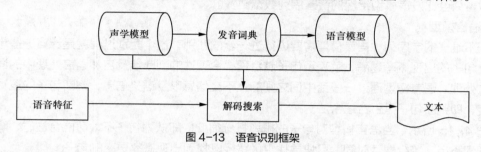

图 4-13　语音识别框架

1. 声学模型

声学模型是识别系统的底层模型，是对声学、语音学、环境变量、说话人性别、口音等的差异的知识表示。它需要处理以下问题。

（1）可变长的语音特征。

对于同一个字，每个人说出的时间长度都不一样，声学模型要能从不同的时间长度的语音信号中识别出这是同一个字。

（2）复杂多变的音频信号。

人的性别、健康状况、紧张程度、说话风格、语速、环境噪声、周围人声、方言差异等都能导致音频信号变化，声学模型要能识别这些非标准语音。

在中文中，发音的最小单位是音素，音素构成音节，音节构成字，字组成词语，其单元粒度依次递增。想识别语音特征对应的文字，就要建立语音特征与声学模型中的对应关系，首先确定声学模型中的最小建模单元。词语和字的数量太大不易建模，但词语包含的音素是确定而少量的，所以目前大多数的声学模型都是基于音素的，使用大量的训练数据即可将模型训练成熟。如图 4-14 所示，guo 中的每个音素可以单独识别。

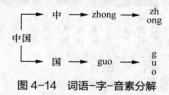

图 4-14　词语-字-音素分解

但是汉语语音中普遍存在协同发音的情况，音节仅由声母和韵母组成，且声、韵母声学特性关联较大，因此在建立语音识别单元时使用上下文相关的识别单元，即采用三音素进行建模训练，找到音素的分界点。三音素的建模方式虽然使得识别率提高很多，然而三音素的数量也不少，有些音素出现的概率很低，没有足够的训练数据用于训练。因此很多研究采用决策树进行聚类，以减少三音素的数目。在声学模型方面，目前的主流技术使用基于深度神经网络-隐马尔可夫模型，它能利用语音特征的上下文信息，并且能学习非线性的最高层次特征表达。

语音特征通过声学模型处理后产生多种音素序列，声学模型分别给这些音素序列打分，分数越高，表示音素序列出现的概率越大。

2．发音词典

发音词典是存放所有字的发音的词典，它的作用是连接声学模型和语言模型。声学模型识别出的音素，通过查找发音词典，就可以查出相应的字。多音字的存在使得发音词典给出的字序列不唯一，其数量只会比发声模型给出的音素序列数量更多。

3．语言模型

对于不唯一的字序列，语言模型需要进行进一步的甄别。这个甄别过程就是计算这些句子的出现概率，句子的出现概率越高，就表示句子越合理，合理性的判断涉及自然语言处理中的词法、句法和语法处理。语言模型通过一段话中词之间的上下文信息以及语义信息，判断句子的逻辑和上下文相关度，即判断句子是否合理合法。

如图 4-15 所示，当语言模型对句子的概率打分很低，即认为句子不太可能合法时，解码器将限制其搜索路径，减少搜索时间，尽快寻找更优路径以找到出现概率更高的句子。

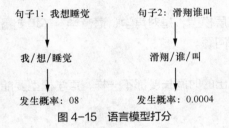

图 4-15　语言模型打分

4．解码搜索

句子由若干个词组成，每个词通过查询发音词典（该词典存储了所有词的发音）得到发音的字序列，解码时搜索模块主要根据给定的语音特征，在由声学模型和语言模型等多种知识源组成的搜索空间中进行搜索，最终寻找到最佳词串进行输出，如图 4-16 所示。

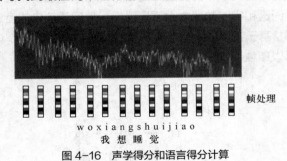

图 4-16　声学得分和语言得分计算

窗口时间每处理一帧语音，声学模型就给出对应的声学得分。一般要进行多帧处理后，才能解码到一个词，这时语言模型才开始对词进行语言打分。因为时间差问题，声学得分和语言得分存在较大的数值差异。为了避免这种差异，需要构建解码空间进行处理。解码空间有两种构建方式：静态编译和动态编译。

（1）静态编译。

静态编译是指将所有知识源（如语言模型、声学模型、声学上下文和发音词典）统一编译在一个状态网络中，并将整个状态网络预先加载到内存中。解码器根据节点之间的转移权重获得概率信息，最后给出出现概率最高的文本。这种方式占用内存较大，但是构建速度较快。

（2）动态编译。

动态编译不是一次性加载整个状态网络，而是在解码过程中根据算法不断地构建和销毁解码网络。这种方式占用内存较小，但是构建速度低于静态编译方式的构建速度。

解码空间构建好后，解码器要根据某种搜索算法进行解码。搜索算法按时间模式来分有时间同步（如 Viterbi 算法）和时间异步（如 A 星算法）两种。

4.5.3　端到端的语音识别方法

传统的语音识别系统中声学模型和语言模型是独立训练的，并且训练过程繁复，受限于高斯混合模型-隐马尔可夫模型的精度。针对此情况，研究人员提出了两类端到端的语音识别方法。

1. 基于联结时序分类的端到端识别方法

基于联结时序分类的端到端建模方法主要是在声学模型训练中引入新的训练准则——联结时序分类，使得输入和输出在句子级别对齐，不需要高斯混合模型-隐马尔可夫模型的强制对齐信息。它具有以下特点。

- 从输入语音特征序列到输出单元序列建模，极大简化了声学模型训练过程。
- 建模单元粒度可以是音素，也可以是字。
- 不影响识别率的情况下可以提高解码速度。
- 实现声学模型的端到端识别。
- 语言模型还需要单独训练。

这种方法已应用于谷歌、微软和百度的语音识别系统当中。

2. 基于序列模型的端到端识别方法

基于序列模型的端到端识别方法将声学模型、发音词典和语言模型联合成一个模型进行训练，实现真正意义上的端到端，如图 4-17 所示。

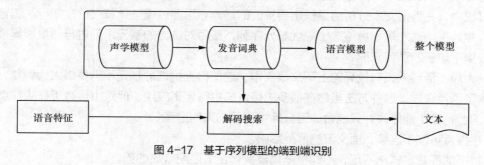

图 4-17　基于序列模型的端到端识别

4.5.4　语音合成

语音合成和语音识别相反，它的主要功能是将文本信息转换成自然流畅的语音。在语音交互系统中，语音识别是用户向系统输入相关内容后系统要执行的处理过程，而语音合成则是将系统推理、运算后的结果转换成语音向用户输出。在导航系统、自动应答系统和银行业务处理中语音合成都有广泛的应用。

以对文本"更换把手"进行语音合成为例，整个过程包含以下几个模块。

1. 文本分析模块

首先需要将一段文本进行词法划分和句法划分。对于一些文字，还需要进行多音字消歧处理。

（1）分词。

将整个句子以词为单位进行划分，即"更换/把手"。

（2）词性标注。

词性影响到词本身的发音方式，如"把"就有几个发音。词性判断不准确，会导致后面的字音转换错误，这是多音字消歧的一个重要判断依据。

句子"更换/把手"的词性标注为"动词/名词"。

（3）多音字消歧。

虽然"更"和"把"是多音字，但根据词性标注结果可确定最终的拼音：更换把手。

2. 韵律处理模块

有些播报系统的语音效果很差，问题就在于句子的韵律和节奏感单一，没有体现出句子的特征，所以有生硬感。不同的心理状态和不同的上下文语境，都使得一个句子的发音节奏不同。要想输出自然流畅的语音，就要注意一些语音的参数，例如停顿、时长、语调和能量等。

韵律处理模块是语音合成的核心部分，它决定了语音的自然流畅程度。韵律涉及语音学、声学和心理学等多个领域的知识。韵律处理模块根据文本分析的结果来预测相关的语音参数，如基频、时长、能量和节奏等。

3. 声学处理模块

声学处理模块根据文本分析模块和韵律处理模块提供的前端信息合成自然流畅的语音。合成方式有以下几种。

（1）基于拼接的语音合成。

语音库中存在已经录制并标注好的语音基元，基元是语音库中的最小单元，可以是音素或音节。在拼接过程中，先根据文本分析结果确定要挑选的基元，再通过模型计算代价来指导从语音库中挑选基元，然后采用动态规划算法选出最优基元序列，最后对选出的基元序列进行适度能量规整，最终拼接成整个句子的语音波形。

目前大规模语料库具有较高的上下文覆盖率，这使得被挑选的基元不需要做太大调整，最大限度地保留了语音音质。这种方法虽然在很多拼接系统中得到了应用，但是也具有明显的缺点。

- 语音特征不能修改，只能合成语音库中原录制人的语音。
- 拼接点可能不连续，语义流畅度受影响。
- 拼接的语音多样化不足，不能根据场景变化合成匹配度高的语音。

（2）基于参数的语音合成。

该方式基于统计建模和机器学习的方法，根据一定量的数据进行训练，可以在语音库相对较小的情况下，得到较为稳定的合成效果。训练前，需要针对语种给出人工标注好的数据，标注信息包括音段切分和韵律标注；训练时，对语言声学特征、时长信息进行上下文相关建模；合成时，通过时长模型和声学模型预测声学特征参数，对声学特征参数做后续处理，最终通过声码器恢复语音波形。它具有以下特点。

- 不需要人工干预即可构建合成系统。
- 对不同发音风格、发音人和语种的依赖性很小。
- 满足多样化语音合成的需求。

4.6 实验与实践

本小节将通过 SenseStudy・AI 实验平台讲解 3 个实验，通过递进的方式完成自然语言案例讲解。

【实验 1】随机文本生成

实验目标：在海量的字母排列组合中，形成有意义文本的概率。

抛一枚硬币，落下后正面朝上还是反面朝上是随机的；超市通过摸球进行抽奖，抽奖的结果是随机的；过马路时，遇到交通灯的颜色也是随机的。这些都是具有随机性的事件。随机事件是指在特定条件下可能出现也可能不出现的事件。通俗地讲，随机事件在一次实验中无法准确预测它是否会出现，但相同条件下如果实验多次，事件出现的次数会呈现出规律性并且可以预测。

什么是"随机文本"？以英语为例，随机文本包含两个维度，一个是基于字母组合的单词，一个是基于单词组合的句子，如图 4-18 所示。显然，随机生成基于字母组合的单词，可以理解为字母元素的排序不同。

图 4-18　随机单词生成

自然语言处理技术在现实中有大量的实际应用，包括：文本生成、文本分类、垃圾邮件分类、文本情感分析、机器翻译、智能问答及语音识别等。文本自动生成是自然语言处理的一个重要应用领域，它的目标是未来有一天计算机可以像人类一样写作，并自动撰写出高质量的自然语言文本。

例如，一家鲜花公司投放鲜花广告，只需提供关键字"鲜花"和"情人节"就能自动生成一句广告描述；如果输入一句话，使用文本自动生成技术，能够生成近似的广告语以供筛选出优质的广告语。当然，文本生成还有很多的应用场景，像文本摘要生成、句子压缩与融合、文本复写等。

具体实验步骤如下。

（1）打开并登录 SenseStudy・AI 实验平台，单击"教学平台实验列表"，选择并进入"自然

语言处理入门 大海捞针的随机文本生成"实验界面。

（2）进入实验界面后，在积木块选择区中选择"变量"模块，单击模块中的"创建变量"按钮，创建名称为"alphabet"的积木块，平台将自动创建 3 个积木块。把"将 alphabet 设为 0"积木块拖入编程区，如图 4-19 所示。

图 4-19　将"将 alphabet 设为 0"积木块拖入编程区

（3）选择"列表"模块，将模块中的"建立列表'Hello''World'"积木块拖入编程区，并嵌入到"将 alphabet 设为 0"积木块中"0"的位置。修改"建立列表'Hello''World'"积木块中的各个元素，并单击该积木块中的"+"按钮，将 26 个英文字母（a~z）作为文本数据存储在该积木块中，如图 4-20 所示。

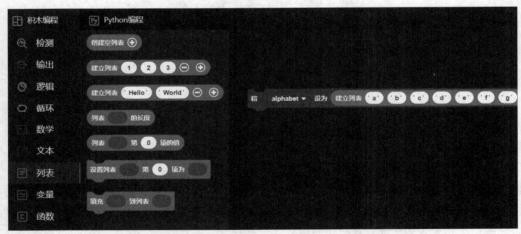

图 4-20　完善积木块

（4）在积木块选择区中选择"变量"模块，单击模块中的"创建变量"按钮，创建名称为"word"的积木块，把"将 word 设为 0"积木块拖入编程区，如图 4-21 所示。

（5）在积木块选择区中选择"检测"模块，将模块中的"从___中生成长度 0 的文字"积木块拖入编程区，并嵌入到"将 word 设为 0"积木块中"0"的位置，如图 4-22 所示。

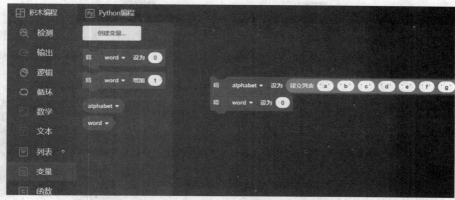

图 4-21　把"将 word 设为 0"积木块拖入编程区

图 4-22　添加"检测"模块中的积木块

（6）在积木块选择区中选择"变量"模块，将模块中的"alphabet"积木块拖入编程区并嵌入到"从＿中生成长度 0 的文字"积木块中空白的位置，并将该积木块中的"0"设置为"4"。在积木块选择区中选择"输出"模块，将"打印"积木块拖入编程区，并将"变量"模块中的"word"积木块拖入编程区并嵌入到"打印"积木块中"'_'"的位置，如图 4-23 所示。

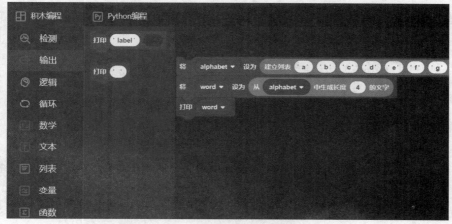

图 4-23　随机生成指定长度单词

（7）在积木块选择区中选择"循环"模块，将模块中的"重复……次执行……"积木块拖入编程区，修改重复执行次数为 10。将组合后的"将 word 设为从 alphabet 中生成长度 4 的文字"和"打印 word"积木块拖入"重复 10 次执行……"积木块内，可以查看每次从"alphabet"变量中取出随机的 4 个字母是否可以组成一个有意义的单词，如图 4-24 所示。

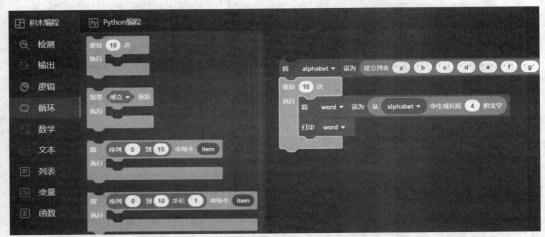

图 4-24　生成多个相同长度的单词

（8）类似步骤（1）到步骤（3），在"变量"模块中新建"words"积木块，将单词集（"we"，"go"，"school"，"to"，"student"，"how"，"are"，"study"，"math"，"computer"，"I"，"Saturday"，"play"，"am"，"teacher"，"friends"，"is"，"guitar"，"piano"，"swim"，"eat"，"noodles"，"cat"，"dog"，"bird"，"fly"）设置为"列表"模块中"建立列表'Hello''World'"积木块的内容，并嵌入到"将 word 设为 0"积木块中"0"的位置，如图 4-25 所示。

图 4-25　创建单词列表

（9）类似步骤（4）到步骤（6），创建"sentence"积木块，从"words"变量中取出随机的 5 个单词存储到"sentence"变量中，打印"sentence"变量，如图 4-26 所示。

图 4-26　随机生成指定长度句子

（10）类似步骤（7），加入"循环"模块中的"重复……次执行……"积木块，设置重复次数为 10。添加"输出"模块中的"打印"积木块，将"变量"模块中的"sentence"积木块嵌入，以查看每次从"sentence"变量中取出随机的 5 个单词是否可以组成一句有意义的话，如图 4-27 所示。

图 4-27　重复生成多个相同长度的句子

（11）最终完整的积木块如图 4-28 所示。

　　仔细观察每轮实验得到的结果可以发现，随机得到的 4 个字母，很难恰好组成一个真正存在的单词，这是为什么呢？

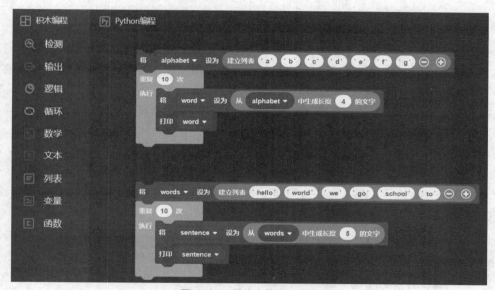

图 4-28　最终完整的积木块

　　每次随机取出 49 字母并组成单词的过程，是一个完全随机的过程，最终的字符串是一个随机生成的结果。每次得到的字母是完全无法预知的，同时每一轮得到的结果与其他轮次之间没有任何关系，也许通过大量的抽取实验能够得到几次合理的单词，但这个可能性是相当小的。

　　通过本次实验可以知道，几个字母或者单词随机组合是很难得到一个正确的词或者句的。人们会逐渐了解到要使计算机有能够理解文本的能力，还需要进一步"学习"。

　　实际上虽然给定了正确的单词，但是想随机生成一个合理的句子，仍然是一件非常困难的事情这是因为句子中单词与单词之间是有一定关系的，若不考虑句子的结构关系，像上文描述的一样盲目生成句子，无异于大海捞针。

【实验 2 】上下文的重要性

　　实验目标：在确定上下文格式的基础上，形成有意义的语句的概率是否会更高。

　　在之前的实验中，基于单词的随机文本生成方法就是随机的将英文单词中的词组拼成句子，换句话说就是从单词列表中将几个单词随机地组合起来。该方法的随机性太强，以至于很难生成一个符合自然语言规则且有"意义"的句子，生成的随机文本作为账户名的描述也没有任何意义和吸引力。这类似于将一个词典中的单词作为单词列表，随机翻一页挑选一个单词输出，然后再随机翻到另一页取一个单词输出，直到输出指定的单词数，这样输出的文本很难符合人类自然语言的语法结构，也就意味着最终很难生成一条"有意义"的文本或是能让人类所理解的文本。

人们需要计算机能够生成符合人类自然语言语法或规则的句子，才能达到生成"有意义"文本的目标，如图 4-29 所示。

主谓结构	如：He went.
主谓宾结构	如：He teaches English.
主谓表结构	如：He is a student.
双宾语结构	如：He gave me a book.
复合宾语结构	如：I keep the table clean.

图 4-29　符合语法条件的文本

以随机生成英文文本为例，英文的简单句实际上主要有五种基本结构，包括了主谓结构、主谓宾结构、主谓表结构，双宾语结构和复合宾语结构。假设要生成主谓宾结构的文本，也就意味着首先第一个单词应输出一个名词作为主语，主语就决定了后面需要动词作为谓语，谓语后面跟宾语，而通过上述分析，符合人类自然语言基本语法结构可以理解为要符合上下文的逻辑语法要求，进一步体现了上下文的重要性。

微信、QQ 和 Twitter 等社交软件是人们进行网络交流互动的主要方式，例如经常修改 QQ 的个性签名，很多人却总被如何编辑句子所难倒，实际上随机生成语录能够解决这些问题。随机语录句子 App 如图 4-30 所示，该 App 生成的句子符合人类自然语言的基本语法结构。下面介绍在实验平台中，如何基于上下文随机生成文本。

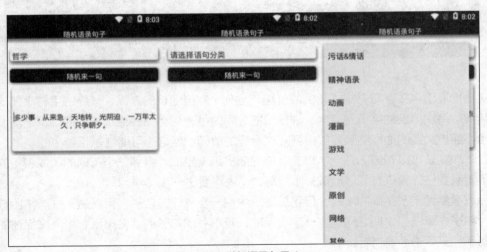

图 4-30　随机语录句子 App

具体实验步骤如下。

（1）打开并登录 SenseStudy·AI 实验平台，单击"教学平台实验列表"，选择并进入"自然

语言处理入门 上下文的重要性"实验界面。

（2）进入实验界面后，在积木块选择区中选择"变量"模块，单击模块中的"创建变量"按钮，创建名称为"subjectList"的积木块，平台将自动创建 3 个积木块。把"将 subjectList 设为 0"积木块拖入编程区，如图 4-31 所示。

图 4-31　把"将 subjectList 设为 0"积木块拖入编程区

（3）在积木块选择区中选择"列表"模块，将该模块中的"建立列表'Hello''World'"积木块拖入编程区，并嵌入到"将 subjectList 设为 0"积木块中"0"的位置。修改"建立列表'Hello''World'"积木块中的各个元素，并点击该积木块中的"+"按钮，修改积木块中的内容为"I""She""He"和"It"，如图 4-32 所示。

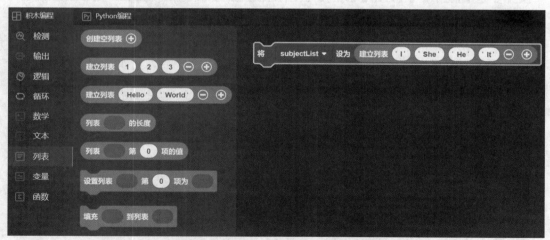

图 4-32　完善"建立列表'Hello''World'"积木块

（4）类似步骤（1）和步骤（2），创建谓语列表"predicateList"积木块和宾语列表"objectList"积木块，如图 4-33 所示。

（5）在积木块选择区中选择"变量"模块，单击该模块中的"创建变量"按钮，创建名称为"sentence"的积木块，平台将自动创建 3 个积木块。把"将 sentence 设为 0"积木块拖入编程区，如图 4-34 所示。

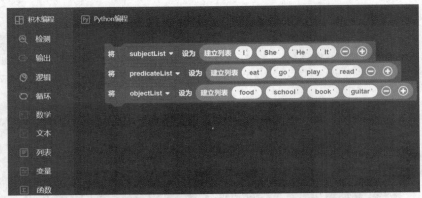

图 4-33 "predicateList"积木块和"objectList"积木块

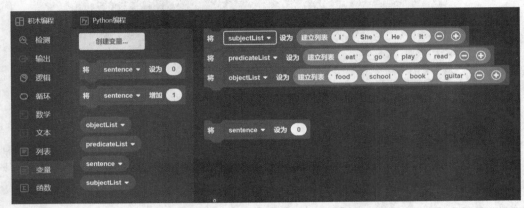

图 4-34 创建变量"sentence"

（6）在积木块选择区中选择"检测"模块，将其中的"从主语___，谓语___，宾语___生成句子"积木块拖入编程区，嵌入到"将 sentence 设为 0"积木块的"0"位置，如图 4-35 所示。

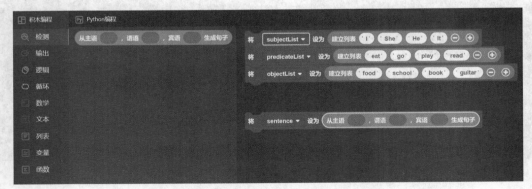

图 4-35 嵌入积木块

（7）在积木块选择区中选择"变量"模块，将"subjectList""predicateList"和"objectList"积木块嵌入"从主语___，谓语___，宾语___生成句子"积木块的对应位置。在积木块选择区中选择"输出"模块，将"打印"积木块拖入编程区，并将"变量"模块中的"sentence"积木块嵌入到"打印"积木块中"''"的位置，如图 4-36 所示。

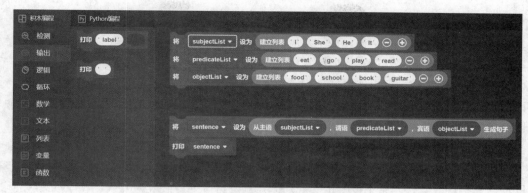

图 4-36　打印"sentence"变量

（8）在积木块选择区中选择"循环"模块，将模块中的"重复 10 次执行"积木块拖入编程区，并将"将……生成句子"和"打印 sentence"积木块嵌入该积木块内，如图 4-37 所示。

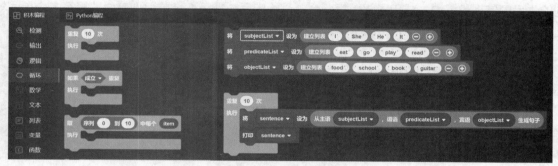

图 4-37　重复生成 10 个句子

（9）最终完整的积木块如图 4-38 所示。

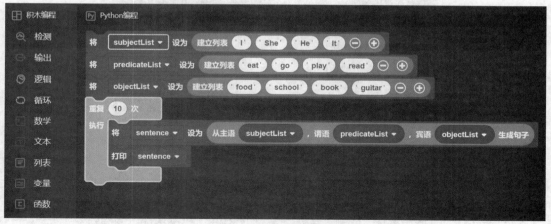

图 4-38　最终完整的积木块

让计算机自动地生成准确的句子，本质上是让计算机理解词语间的关系，然后在单词库中选择最合适的单词。句子有基本的结构，每个词之间须满足一定的关系，才能组成合理的句子。考虑到上下文关系之后，生成的句子会比单纯随机生成合理很多。

【实验3】句子的生成

实验目标：在确定上下文以及给出相对应的模型后，文本的生成将更接近人类的自然语言。

英语中有非常多的句型，通常人们只需掌握 300 个基础句型，就可以用英语流利地对话，在计算机中句子的生成就是参考于此。以"There ＋ be ＋ 主语 ＋ 地点状语/ 时间状语"句型为例，计算机可以使用训练完成的模型在 There be 句型中补充上不同的单词来生成句子，如"There is an elephant in the zoo."。

当英文单词按照一定的顺序排列时，它们才能构成一个合理的句子，这个句子可以称为一个序列。序列指的是排成一列的对象。序列中的对象通常被称为元素，元素之间的排列顺序非常重要。即使含有相同元素，如果不按一定的规则把元素进行排列，很难构成一个"有意义"的句子。句子"There is an elephant in the zoo."，不按照元素先后顺序可能是，"There is an zoo in the elephant."，就导致了语法和逻辑问题。也就是说，即使序列含有相同元素，但元素的排列顺序不同，也属于两个不同的序列，是两个不同的句子。而要构成"有意义"的句子，还需要考虑序列的先后顺序，也就说生成句子时，第一个单词给定后，从第二个单词列表中选择第二个单词输出，依次继续往后输出单词，生成一个"有意义"的句子。

本实验具体步骤如下。

（1）打开并登录 SenseStudy・AI 实验平台，单击"教学平台实验列表"，选择并进入"自然语言处理入门 智能句子生成"实验界面。

（2）进入实验界面后，在积木块选择区中选择"变量"模块，单击模块中的"创建变量"按钮，创建名称为"net"的积木块，平台将自动创建 3 个积木块。把"将 net 设为 0"积木块拖入编程区，如图 4-39 所示。

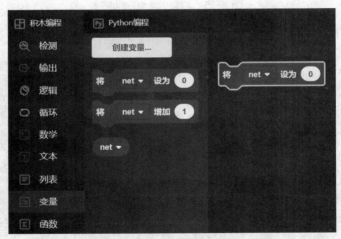

图 4-39 "将 net 设为 0"积木块

（3）在积木块选择区中选择"检测"模块，将"加载模型"积木块拖入编程区，嵌入到"将 net 设为 0"积木块的"0"的位置，如图 4-40 所示。

（4）类似步骤（2），在"变量"模块中创建"Start"积木块，把"将 Start 设为 0"积木块拖入编程区，在积木块选择区中选择"文本"模块，将"''"积木块拖入编程区，并嵌入到"将 Start 设为 0"积木块的"0"的位置，修改"''"积木块的内容为"this"，如图 4-41 所示。

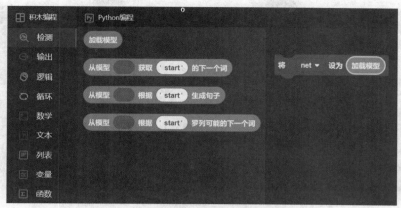

图 4-40　"将 net 设为加载模型积木块

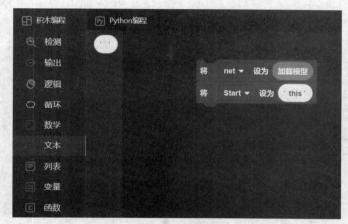

图 4-41　"将 Start 设为'this'"积木块

（5）类似步骤（2），在"变量"模块中创建"next"积木块，把"将 next 设为 0"积木块拖入编程区，如图 4-42 所示。

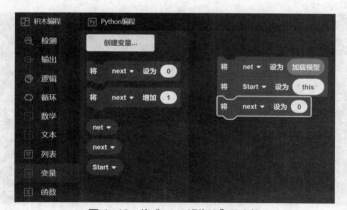

图 4-42　将"next 设为 0"积木块

（6）在积木块选择区中选择"检测"模块，将模块中的"从模型___获取'start'的下一个词"积木块拖入到编程区中，并将它嵌入到"将 net 设为 0"积木块的"0"的位置，如图 4-43 所示。

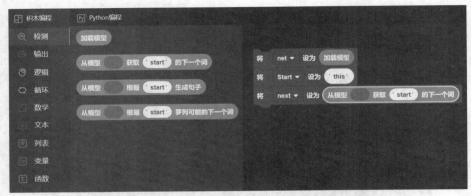

图4-43 拖入"从模型__获取'start'的下一个词"积木块

（7）在积木块选择区中选择"变量"模块，将"net"和"Start"积木块嵌入到"从模型__获取'start'的下一个词"积木块对应的空白处和"'start'"中，如图4-44所示。

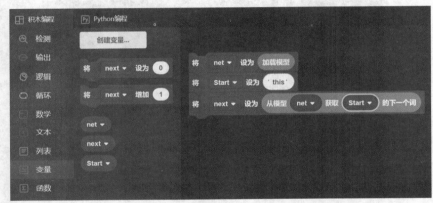

图4-44 嵌入"net""start"积木块

（8）在积木块选择区中选择"输出"模块，将"打印''"积木块拖入编程区，如图4-45所示。

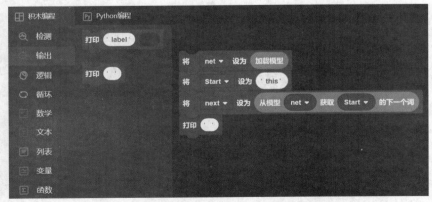

图4-45 拖入"打印''"积木块

（9）在积木块选择区中选择"变量"模块，将"next"积木块拖入编程区，并嵌入到"打印"积木块的"''"的位置，如图4-46所示。

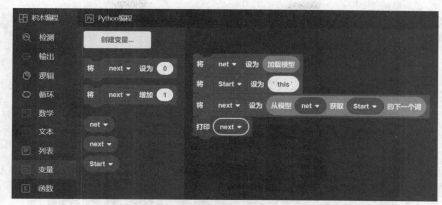

图 4-46　嵌入 "next" 积木块

（10）类似步骤（5）到步骤（9），创建 "将 sentence 设为从模型 net 根据 Start 生成句子"
积木块和 "打印 sentence" 积木块并进行组合，如图 4-47 所示。

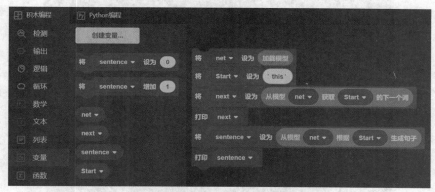

图 4-47　查看生成的句子积木块

（11）类似步骤（5）到步骤（9），创建 "将 list 设为从模型 net 根据'it is'罗列可能的下一个词"
积木块和 "打印 list" 积木块并进行组合，如图 4-48 所示。

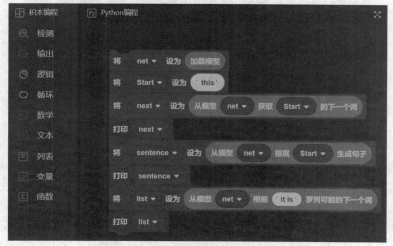

图 4-48　查看生成的下一个词积木块

（12）类似步骤（11），再查看两次生成的词，将积木块中修改的文本分别修改为"it is told"和"it is told trip"并组合积木块，如图4-49所示。

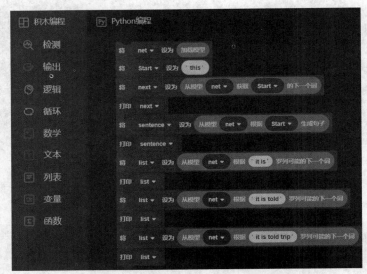

图4-49　再次查看生成的词积木块

（13）类似步骤（10），在积木块中将"Start"修改为"'there was'"并进行组合，最终完整的积木块如图4-50所示。

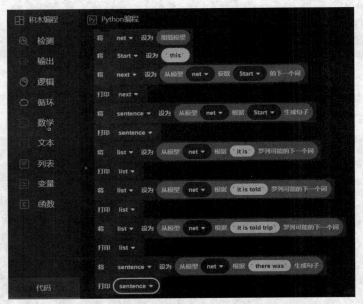

图4-50　最终完整的积木块

计算机生成一个合理准确的句子需要考虑上下文的关系，因此一个完整的句子通常不是一次性生成的。计算机生成句子的过程和游戏中一样，每次只生成一个单词，并把单词放入序列中，根据序列中现有的单词（记忆中的情况）在词库中搜索潜在的下一个单词，并继续把新生成的单词放入序列中，根据序列（记忆中的情况）在词库中搜索下一个单词。这是一个不断判断、搜索和生成单词的循环过程。

本章小结

本章主要介绍了自然语言处理的发展、概念表示、知识表示等内容，还介绍了知识图谱及语音处理的相关知识，自然语言处理技术是人工智能的一个重要分支，其目的是利用计算机对自然语言进行智能化处理，希望通过本章的学习，能够帮助读者全面了解自然语言处理技术。

课后习题

一、选择题

1. 最早人类对自然语言处理的需求源自于（　　）。
   A. 程序员　　　　　　　　　　B. 计算机维修人员
   C. 翻译工作人员　　　　　　　D. 传媒人员
2. 根据词法将整个汉字序列按（　　）切分成词序列。
   A. 词性　　　　　　　　　　　B. 音节
   C. 词组　　　　　　　　　　　D. 音调
3. 在句法树中，最核心的部分是（　　）。
   A. 名词　　　　　　　　　　　B. 谓词
   C. 形容词　　　　　　　　　　D. 语气词
4. （　　）是语音库中的最小单元。
   A. 音素　　　　　　　　　　　B. 音节
   C. 字　　　　　　　　　　　　D. 词组
5. 数理逻辑中（　　）表示命题为真。
   A. 整数　　　　　　　　　　　B. 1
   C. 0　　　　　　　　　　　　　D. 负数
6. 知识分为几种：概念、规则、事实和（　　）。
   A. 描述　　　　　　　　　　　B. 外延
   C. 语法　　　　　　　　　　　D. 事件
7. （　　）通常用于描述事实和规则，适合表示规则性规则和事实性规则。
   A. 产生式表示法　　　　　　　B. 状态空间表示法
   C. 框架表示法　　　　　　　　D. 以上所有表示法
8. 框架表示法以（　　）的形式表示知识，适合表示结构化的知识。
   A. 事实　　　　　　　　　　　B. 状态
   C. 框架　　　　　　　　　　　D. 规则
9. XML 具有三个基本概念：（　　）、元素和属性。
   A. 词性　　　　　　　　　　　B. 事件

      C．词组　　　　　　　　　　　　　　D．标签

10．框架表示法的特点不包括（　　　　）。

    A．能很好地表示结构性知识，将事物的属性以及事物间的各种语义联想表示出来

    B．可以实现框架之间嵌套，对于知识的描述比较全面，支持默认值

    C．框架构建成本高，对知识库的质量要求非常高

    D．框架可以表示不确定性知识

二、填空题

1．人工智能的发展可分为_____、_____、_____和_____ 4个方面层次。

2．自然语言处理是使用_____结合_____实现有效分析、理解和生成人类自然语言的一种方法和技术。

3．自然语言处理有4个最基本的步骤：_____、_____、_____和_____。

4．概念包含_____、_____和_____。

5．内涵进行_____操作，外延进行_____计算。

6．计算机对语言的翻译工作分为词法分析、句法分析和_____。

三、简答题

1．知识的表示方式有哪几种？

2．简述原型理论和经典理论的不同之处。

3．语音识别系统包括哪几部分？各个部分的作用是什么？

4．语音合成的方法有哪些？各自的优缺点是什么？

第5章
机器学习

05

进入 21 世纪，科学研究与社会生活等各个领域中的数据正在以前所未有的速度产生并被广泛收集与存储。实现数据的智能化处理从而充分利用数据中蕴含的知识与价值，已成为当前学术界与产业界的共同目标。机器学习作为一种主流的智能数据处理技术，是实现上述目标的核心途径。

本章要点

- 机器学习概述
- 监督学习
- 无监督学习
- 半监督学习
- 强化学习

5.1 机器学习概述

第一次看到"机器学习"这个词时大多数人都不能准确地理解，而不能很好地理解"机器学习"的含义对后续的学习是一个不小的阻碍，所以本节先对"机器学习"进行详细的解释。将"机器学习"拆分开来，"机器"理解起来较为简单，指代计算机系统，那么"学习"又如何解释呢？对于绝大部分读者而言，学习似乎是从童年有了记忆开始，到幼儿园、小学、中学乃至大学期间生活中最重要的事之一。人们在生活中提到的学习往往指的是在学校完成的课业任务，或是有意识地去增强自己的某项技能的任务，例如，参加暑期的专项训练营，或日常的一些课外兴趣班。然而这样定义或理解学习是片面的。

5.1.1 对于学习的认知

广义的学习指的是人或动物在生活过程中凭借经验产生的行为或行为潜能的相对持久的改变。从中能够找到 3 个维度的含义。

首先，学习的最终表现是在行为或行为潜能上发生变化。通过学习，人们的行为会发生某种变化，例如通过学习人们可以从不会骑自行车到会骑自行车，从不会操作计算机到会操作计算机，又或者从只能够对计算机进行简单日常的使用到能够使用计算机进行编程等更加具有难度的行为。诚然，有些时候学习的效果也许不能在人们当前的行为中立即生效，但是能够影响人们对事物的认知，例如对待事物的态度或者价值观，也就是学习概念中提到的改变人们的行为潜能，如文化自信等。

其次，通过学习而引起的行为或行为潜能的变化是相对持久的，例如学会骑自行车之后，即使多年没有骑过自行车，突然某天需要骑车时也是很快就能熟练掌握的。心情、疾病、药物、疲劳等因素也有可能引起行为或行为潜能的变化，但这种变化是暂时的、不持久的，因此这种暂时的变化不能称为学习的表现，这个过程也不能称为学习，例如运动员使用兴奋剂提高成绩、学生因疾病学习成绩下降等。

最后，学习是通过经验积累完成的。有时候一个个体的生理成熟或衰老也会导致行为产生持久改变，例如青春期少年的嗓音变化，这是由生理成熟引起的，又或是老年人行动变得缓慢，这是由生理衰老造成的，类似这些都与经验无关，所以不能称之为学习。通过经验积累而产生的学习主要包括两类：第一类是人们最常见、最深刻的正规学习，例如从幼儿园到小学、初中、高中、大学等学校的学习，或者专门学习游泳、书法、乐器等有计划的训练或练习；第二类是随机的学习，因偶然的生活经历而产生，例如俗语所说的"一朝被蛇咬，十年怕井绳"，就是通过生活中随机的经历而产生的变化持久的学习效果。

次广义的学习单指人类的学习，我国著名心理学家潘菽认为，人的学习是"在社会实践中，以语言为中介，自觉地、积极主动地掌握社会和个体经验的过程"。人和动物的学习有很多相似的地方，如众所周知的"尝试错误说"和"顿悟说"就解释了人和动物都具备的学习方式。

然而，人的学习与动物的学习又有着本质的区别。

（1）人的学习不仅要获得个体的行为经验，更重要的是要掌握人类祖先留传下来的社会历史经验和科学文化知识。

（2）人的学习是以语言为中介的，这是人与动物学习的根本区别。

（3）人的学习是一种有目的的、自觉的、积极主动的过程。人有主观能动性，可以积极主动地构建自己的知识结构，这是动物做不到的。

狭义的学习专指学生的学习，是指在教师的指导下，有目的、有计划、有组织、有系统地进行学习，是在较短时间内接受前人所积累的科学文化知识、技能，并以此来充实自己的过程。学生的学习内容可以分为 3 个方面。

（1）知识、技能和学习策略的掌握。

（2）问题解决能力和创造力的提高。

（3）道德品质和健康心理的培养。

人工智能的目的就是让机器具备类似人的智能，而人要具备智能就需要进行学习，所以机器学习是人工智能领域中非常重要的研究方向。

5.1.2　机器学习的概念

科学家发现，要让机器有智能，并不一定要真正赋予它思辨能力，使其通过大量阅读、存储资料并具有分辨的能力，就足以帮助人类工作。1970 年，人工智能学者根据前一时期的研究发展，开始思考如果要在机器上显现出人工智能，是否一定要让机器真正具有思考能力。因此，人工智能有了另一种划分：弱人工智能与强人工智能。弱人工智能是指如果某台机器具备观察和感知的能力，可以做到一定程度的理解和推理，具有博闻、强记（可以快速扫描、存储大量数据）与分辨能力，那么就可以说这台机器具有人工智能；强人工智能则是希望构建的系统架构可媲美人类，让机器获得自适应能力，可以思考并做出适当的反应，解决一些之前不能处理的问题，真正具有人工智能。

以目前的科技，弱人工智能最有希望取得突破并且实现，那么"智能"又从何而来呢？这主要归功于一种实现人工智能的方法——机器学习。机器学习可以视为弱人工智能的代表，只要定义出问题，搜集适当的数据（数据中通常需要包含原始数据与标准答案，例如人像图片与图片中人的性别、年龄），再将数据分为两部分——训练集与测试集，用训练集数据进行学习，通过特定的分类算法抽取特征值，构建数据的数学模型，向该数学模型输入测试集数据，对比演算的分类结果是否与真实答案一样。如果该数学模型能够达到一定比例的正确率，则认为这个机器学习模型是有效的。

机器学习基本的做法是使用算法来解析数据并从中学习，然后对真实世界中的事件做出决策和预测。与传统的为解决特定任务而硬编码的软件程序不同，机器学习是用大量的数据来"训练"，通过各种算法从数据中学习如何完成任务。例如，当用户浏览网上商城时，经常会出现商品推荐的信息，这是商城根据用户以往浏览的页面、购物记录和收藏清单，识别出其中哪些是用户真正感兴趣，并且有意愿购买的产品，这样的决策模型可以帮助商城为用户提供建议并带动产品消费。从理论上来说，用户使用时间越长、操作行为越多，数据就越准确，"机器学习"的过程就越扎实，对应的判断会越准确。

那么机器学习在实践中如何工作呢？一切都是从"训练数据"开始的。提供一组数据给机器学习模型帮助它进行训练，提供给模型的数据越多，它就会越精确。提供给机器学习模型的数据由一组属性和特征进行定义。由机器学习模型来确定如何理解这些属性，通过给机器学习模型输入大量数据，让它"把事情弄清楚"。

机器学习是人工智能的核心，是使计算机具有智能的根本途径。

人类学习和机器学习的流程如图 5-1 所示。在图 5-1 中可以发现人类学习的流程与机器学习的流程是一致的。人类通过经验归纳来解决新的问题，而机器通过历史数据（经验）不断训练模型来处理新的数据。可以这样理解机器学习的过程：对某类任务 T（Task）和性能 P（Performance）通过经验 E（Experience）改进后，在 T 上由性能度量 P 衡量的性能有所提升。

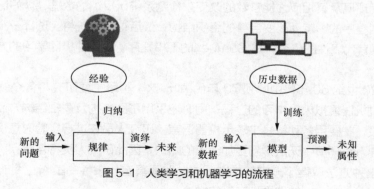

图 5-1　人类学习和机器学习的流程

5.1.3　机器学习的发展历程

机器学习实际上已经存在了几十年或者也可以认为存在了几个世纪。追溯到 17 世纪，贝叶斯

（Bayes）、拉普拉斯（Laplace）关于最小二乘法的推导和马尔可夫链，构成了机器学习发展的基础。1950 年艾伦·图灵（见图 5-2）发表的著名论文《计算机机械与智能》中第一次提出了"人工智能"的概念，以及同样广为人知的"模仿游戏"以及"图灵测试"（见图 5-3），后者旨在判断计算机是否具有智能，如果一台计算机与人类进行对话而不被识别出其机器身份，则认为该机器具有智能。

图 5-2　艾伦·图灵

图 5-3　图灵测试

　　从 20 世纪 50 年代研究机器学习以来，不同阶段的研究途径和目标并不相同，可以划分为 4 个阶段。

　　第一阶段从 20 世纪 50 年代中叶到 60 年代中叶。这个阶段主要研究系统的执行能力。主要通过对机器的应用环境及其相应性能参数的改变来检测系统所反馈的数据，就好比给系统设定一个程序，系统会受到程序的影响而改变自身的组织结构，最后这个系统将会选择一个最优的环境来生存。在这个阶段具有代表性的研究就是 Samuet 的下棋程序。但这种机器学习的方法还远远不能满足人类的需要。

　　第二阶段从 20 世纪 60 年代中叶到 70 年代中叶。这个阶段主要研究将各个领域的知识植入系统，其目的是通过机器模拟人类学习的过程，同时还采用了图结构及逻辑结构方面的知识进行系统描述。在这一阶段，主要用各种符号来表示机器语言，研究人员在进行实验时意识到学习是一个长期的过程，从这种系统环境中无法学到更加深入的知识，因此研究人员将各专家、学者的知识加入系统，实践证明这种方法取得了一定的成效。这一阶段具有代表性的工作有海斯·罗思（Hayes Roth）和温斯顿（Winson）的结构学习系统方法。

　　第三阶段从 20 世纪 70 年代中叶到 80 年代中叶，称为复兴时期。在此期间，人们从学习单个概念扩展到学习多个概念，探索不同的学习策略和学习方法，开始把学习系统与各种应用结合起来，并取得很大的成功。同时，专家系统在知识获取方面的需求也极大地刺激了机器学习的研究和发展。在出现第一个专家系统之后，示例归纳学习系统成为研究的主流，自动知识获取成为机器学习应用的研究目标。1980 年，在美国的卡内基梅隆大学召开了第一届机器学习国际研讨会，标志着机器学习研究已在全世界兴起。此后，机器学习开始得到大量的应用。1984 年，赫伯特·亚历山大·西蒙等 20 多位人工智能专家共同撰写的 *Machine Learning* 文集第二卷出版，国际性杂志 *Machine Learning* 创刊，更加显示出机器学习突飞猛进的发展趋势。这一阶段代表性的工作有莫斯托（Mostow）的指导式学习、道格拉斯·B.莱纳特（Douglas B.Lenat）的数学概念发现程序、帕特·兰利（Pat W.Langley）的 BACON 程序及其改进程序。

第四阶段从 20 世纪 80 年代中叶开始，是机器学习的快速发展阶段。这个阶段的机器学习具有如下特点。

- 机器学习已成为新的学科，它综合应用数学、自动化和计算机科学等多门学科形成了机器学习理论基础。
- 融合了各种学习方法，且形式多样的集成学习系统研究正在兴起。
- 机器学习与人工智能各种基础问题的统一性观点正在形成。
- 各种学习方法的应用范围不断扩大，部分应用研究成果已转化为产品。
- 与机器学习有关的学术活动空前活跃。

5.1.4　机器学习的研究现状及主流模型

机器学习是人工智能及模式识别领域的共同研究热点，其理论和方法已被广泛用于解决工程应用和科学领域的复杂问题。2010 年的图灵奖获得者为美国哈佛大学的莱斯利·瓦伦特（Leslie Vlliant）教授，其获奖工作之一是建立了概率近似正确（Probably Approximately Correct，PAC）学习理论；2011 年的图灵奖获得者为美国加利福尼亚大学洛杉矶分校的朱迪亚·珀尔（Judea Pearll）教授，其主要贡献为建立了以概率统计为理论基础的人工智能方法。这些研究成果都促进了机器学习的发展和繁荣。

近十几年来，机器学习领域的研究工作发展很快，已成为人工智能的重要课题之一。机器学习不仅在基于知识的系统中得到应用，而且在自然语言理解、非单调推理、机器视觉、模式识别等许多领域也得到了广泛应用。一个系统是否具有学习能力已成为其是否具有“智能”的一个标志。机器学习的研究主要分为两类方向：第一类是对传统机器学习的研究，该类方向主要研究学习机制，注重探索模拟人的学习机制；第二类是在大数据环境下对机器学习的研究，该类方向主要研究如何有效利用信息，注重从巨量数据中获取隐藏的、有效的、可理解的知识。

机器学习历经 70 多年的曲折发展，以深度学习为代表，借鉴人脑的多分层结构、神经元的连接交互信息的逐层分析处理机制，具备自适应、自学习的强大并行信息处理能力，在很多方面取得了突破性进展，其中最有代表性的是图像识别。

传统机器学习的研究方向主要包括决策树、随机森林算法（Random Forest，RF）、人工神经网络（Artificial Neural Network，ANN）、贝叶斯学习等。

决策树是机器学习常见的一种算法。20 世纪末期，机器学习研究者 J.罗斯·昆兰（J.Ross Quinlan）将克劳德·艾尔伍德·香农的信息论引入决策树算法，提出了 ID3 算法。1984 年，I.科诺年科（I.Kononenko）、和 I.布拉特科（I.Bratko）等人在 ID3 算法的基础上提出了 Assistanta

算法，这种算法允许类别的取值之间有交集。同年，A.哈特（A.Hart）提出了 Chi-Square 统计算法，该算法采用了一种基于属性与类别关联程度的统计量。1984 年，L.布赖曼（L.Breiman）和 J.弗赖德曼（J.Freidman）等人提出了决策树剪枝的概念，近几年模糊决策树也得到了蓬勃发展。研究者考虑到属性间的相关性提出了分层回归算法、约束分层归纳算法和功能树算法，这 3 种算法都是基于多分类器组合的决策树算法，他们对属性间可能存在的相关性进行了部分实验和研究，但是这些研究并没有从总体上阐述属性间的相关性是如何影响决策树性能的。

随机森林算法作为机器学习重要的算法之一，是一种利用多个树分类器进行分类和预测的算法。近年来，随机森林算法的发展十分迅速，已经在生物信息学、生态学、医学、遗传学、遥感地理学等多领域开展应用性研究。

人工神经网络是一种具有非线性适应性信息处理能力的算法，可克服传统人工智能方法的一些缺陷。早在 20 世纪 40 年代人工神经网络已经受到关注，随后得到迅速发展。

贝叶斯学习是机器学习较早的研究方向，其起源于英国数学家托马斯·贝叶斯（Thomas Bayes）在 1763 年所证明的一个关于贝叶斯定理的一个特例。经过多位统计学家的共同努力，贝叶斯统计在 20 世纪 50 年代之后逐步建立起来，成为统计学中一个重要的组成部分。

5.1.5 大数据技术对机器学习的影响

大数据的价值主要体现在数据的转向以及数据的信息处理能力等方面。在产业发展的今天，"大数据时代"的到来，给数据的转换、数据的处理、数据的存储等带来了更好的技术支持，产业升级和新产业诞生形成一种推动力量，让大数据能够针对可发现事物的程序进行自动规划，实现用户与计算机信息之间的协调。另外现有的许多机器学习方法是建立在内存理论基础上的，在大数据还无法装载进计算机内存的情况下，是无法进行诸多算法的处理的，因此应提出新的机器学习算法，以适应大数据处理的需要。

随着各行业对数据分析需求的持续增加，通过机器学习高效地获取知识，已逐渐成为当今机器学习技术发展的主要推动力。大数据时代的机器学习更强调"学习本身是手段"，机器学习成为一种支持和服务技术。如何基于机器学习对复杂多样的数据进行深层次的分析，从而更高效地利用信息成为当前大数据环境下机器学习研究的主要方向。所以，机器学习越来越朝着智能数据分析的方向发展，并已成为智能数据分析技术的一个重要工具。另外，在大数据时代，随着数据产生速度的持续加快，数据的体量有了前所未有的增长，而需要分析的新的数据种类也在不断涌现，如文本的理解、文本情感的分析、图像的检索和理解、图形和网络数据的分析等，这使得机器学习和数据挖掘等智能计算技术在大数据智能化分析处理应用中具有极其重要的作用。在 2014 年 12 月中国计算机学会（China Computer Federation，CCF）大数据专家委员会上，通过数百位大数据相关领域学者和技术专家投票推选出的"2015 年大数据十大热点技术与发展趋势"中，结合机器学习等智能计算技术的大数据分析技术被推选为大数据领域第一大研究热点和发展趋势。

5.1.6 机器学习的重要性

机器学习之所以重要，是因为它可以为复杂问题提供解决方案。相对于传统人工程序设计，机器学习提供的解决方案更快、更准确、更具可扩展性。而这些复杂问题，想通过传统人工程序设计来解决通常并不可行。

机器学习的重要性体现在以下几个方面。

（1）自动化（Automatic）：机器学习方法可以看作自动化生成算法。

（2）快速（Fast）：机器学习方法可以节约时间。相比人工处理，机器学习方法可以更快地分析样例数据并生成算法。

（3）精确（Accurate）：由于自动化的特性，机器学习方法可以基于更多的数据运行更长的时间，生成更精确的决策算法。

（4）规模（Scale）：机器学习方法可以为人工无法解决的问题提供解决方案。

总体来说，传统人工程序设计基于因果逻辑，机器学习则基于概率统计和经验反馈。

5.1.7 传统编程与机器学习的区别

传统编程是在人工编写好既定程序后，输入数据，数据通过程序逻辑计算，最终输出对应的结果，旨在解决逻辑简单但需大量重复计算或计算过程复杂的问题，以减少人工成本，如图 5-4（a）所示。

而机器学习是将一定量的原始数据及其最终结果同时输入计算机，计算机通过总结、分析原始数据和最终结果之间的联系得到经验（程序），之后出现新的数据需要计算时，直接将数据输入由计算机总结出的经验模型进行计算得出结果。机器学习能够解决大部分不容易被人发现或理解的复杂但客观的问题，例如在几千万张图片中识别目标、在海量舆论信息中分析和判断某只股票的走势等，如图 5-4（b）所示。

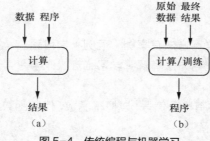

图 5-4　传统编程与机器学习

5.1.8 机器学习的分类

几十年来，研究者们发表的机器学习的方法种类很多。机器学习根据强调侧面的不同可以有多种分类方法。

1. 基于学习策略的分类

（1）模拟人脑的机器学习。

① 符号学习：模拟人脑的宏观心理级学习过程，以认知心理学原理为基础，以符号数据为输入，以符号运算为方法，通过推理过程在图或状态空间中搜索，学习的目标为概念和规则等。符号学习的典型方法有记忆学习、示例学习、演绎学习、类比学习、解释学习等。

② 神经网络学习（或连接学习）：模拟人脑的微观生理级学习过程，以脑和神经科学原理为基础，以人工神经网络为函数结构模型，以数值数据为输入，以数值运算为方法，通过迭代过程在系数向量空间中搜索，学习的目标为函数。典型的神经网络学习方法有权值修正学习、拓扑结构学习等。

（2）直接采用数学方法的机器学习。

直接采用数学方法的机器学习主要为统计机器学习。统计机器学习是基于对数据的初步认识以及学习目的分析，选择合适的数学模型，拟定超参数，并输入样本数据，依据一定的策略，运用合适的学习算法对模型进行训练，最后运用训练好的模型对数据进行分析和预测。

统计机器学习的 3 个要素。

① 模型（Model）：模型在未进行训练前，其可能的参数是多个甚至无穷个，故可能的模型也是多个甚至无穷个，这些模型构成的集合就是假设空间。

② 策略（Strategy）：策略是从假设空间中挑选出参数最优的模型的准则。模型的分类或预测结果与实际情况的误差（损失函数）越小，模型就越好。

③ 算法（Algorithm）：算法是从假设空间中挑选模型（等同于求解最佳的模型参数）的方法。机器学习的参数求解通常都会转化为最优化问题，故学习算法通常是最优化算法，如最速梯度下降法、牛顿法以及拟牛顿法等。

2. 基于学习方法的分类

（1）归纳学习。

① 符号归纳学习：典型的符号归纳学习方法有示例学习、决策树学习等。

② 函数归纳学习（发现学习）：典型的函数归纳学习方法有神经网络学习、示例学习、发现学习、统计学习等。

（2）演绎学习。

① 类比学习：典型的类比学习方法有案例（范例）学习等。

② 分析学习：典型的分析学习方法有解释学习、宏操作学习等。

3. 基于学习方式的分类

① 监督学习：指输入数据中有导师信号，以概率函数、代数函数或人工神经网络为基函数模型，采用迭代计算方法，学习结果为函数。

② 无监督学习：指输入数据中无导师信号，采用聚类方法，学习结果为类别。典型的无监督学习方法有发现学习、聚类、竞争学习等。

③ 半监督学习：介于监督学习和无监督学习之间，部分数据带有标签，部分数据没有确定的标签。

④ 强化学习：以环境反馈（奖/惩信号）作为输入、以统计和动态规划技术为指导的一种学习方法。

4. 基于数据形成的分类

① 结构化学习：以结构化数据为输入，以数值计算或符号推演为方法。典型的结构化学习方法有神经网络学习、统计学习、决策树学习、规则学习等。

② 非结构化学习：以非结构化数据为输入。典型的非结构化学习方法有类比学习、案例学习、解释学习、文本挖掘、图像挖掘、网络挖掘等。

5. 基于学习目标的分类

① 概念学习：学习的目标和结果为概念，或者说是一种为了获得概念的学习。典型的概念学习方法主要有示例学习等。

② 规则学习：学习的目标和结果为规则，或者说是一种为了获得规则的学习。典型的规则学习方法主要有决策树学习等。

③ 函数学习：学习的目标和结果为函数，或者说是一种为了获得函数的学习。典型的函数学习方法主要有神经网络学习等。

④ 类别学习：学习的目标和结果为对象类，或者说是一种为了获得类别的学习。典型的类别学习方法主要有聚类分析等。

⑤ 贝叶斯网络学习：学习的目标和结果是贝叶斯网络，或者说是一种为了获得贝叶斯网络的学习。其又可分为结构学习和多数学习。

目前较被人们接受且在实际应用中更加方便的分类方式是基于学习方式的分类，即监督学习、无监督学习、强化学习等。

5.2 监督学习

监督学习是指通过让机器学习大量带有标签的样本数据，训练出一个模型，并使该模型可以根据输入得到相应输出的过程，即通过已有的部分输入数据与输出数据之间的对应关系，生成一个函数，将输入映射到合适的输出，例如分类。

例如，高考试题是在考试前就有标准答案的，在学习和做题的过程中，可以对照答案分析问题、找出方法。在没有给出高考题答案的时候，也可以给出正确的解决方法。这就是监督学习。

5.2.1 监督学习简介

监督学习示意如图 5-5 所示。监督学习的训练集要求包括输入与输出，也可以说是特征和目标，训练集中的目标是由人标注的。分类问题就是常见的监督学习，它通过已有的训练样本（即已知数据及其对应的输出）去训练得到一个最优模型（这个模型属于某个函数的集合，最优表示在某个评价准则下是最佳的），再使用这个模型将所有的输入映射为相应的输出，对输出进行简单的判断从而实现分类的目的。总体来说，监督学习的目标往往是让计算机去学习人们已经创建好的分类系统（模型）。

图 5-5 监督学习示意

监督学习是训练神经网络和决策树的常见技术，这种技术高度依赖事先确定的分类系统给出的信息。对于神经网络，分类系统使用信息判断网络的错误，然后不断调整网络参数。对于决策树，分类系统用它来判断哪些属性提供了最多的信息。所有的回归算法和分类算法都属于监督学习。

5.2.2 监督学习工作流程

监督学习工作流程如图 5-6 所示。

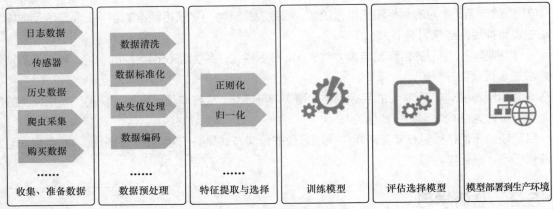

图 5-6 监督学习工作流程

1. 收集、准备数据

监督学习的第一步是准备数据，数据是基础，没有数据只能空想。

（1）如果没有现成的数据，那么需要采集或者爬取数据，数据要带标签。

（2）如果数据仓库或者数据库有相应的数据，那么需要将数据取出来，特征尽量多。

（3）如果只是学习，可以从网站上下载别人整理好的数据。

2. 数据预处理

数据准备好之后，就需要对数据进行预处理，主要包括重复数据检测、数据标准化、数据编码、缺失值处理、异常值处理等。这一步所做的就是将数据整理成模型能够用的形式，当然对于不同的模型，数据预处理的方法也是不一样的，例如对于逻辑回归这种基于距离的类的模型需要将分类变量进行编码，而对于像决策树这类基于树的模型就不需要对分类变量进行编码。

重复数据检测主要针对可能取值只有一个的特征，这样的特征对模型训练没有任何的意义，可以直接删除。

数据标准化主要是消除量纲对模型训练的影响，使不同的特征之间具有可比性，主要的方法有归一化、中心化等。

数据编码主要针对分类变量进行处理。分类变量在做距离计算的时候需要将其转化为具体的数字，主要方法有独热（One-Hot）编码等。

缺失值处理针对有的模型要求不能有缺失值或者某一个特征缺失较多的情况。处理缺失值的方法主要有填充法、插值法、删除法等。

3. 特征提取与选择

数据和特征决定机器学习的上限，而算法和模型只是在不断地逼近这个上限。所以在机器学习中特征提取和特征选择很重要。但是如果用了深度学习算法，就不用担心特征提取和特征选择了，因为深度学习模型中的卷积神经网络本身就是一个特征提取和选择的过程。另外深度学习中的正则化、归一化、不同的神经网络结果等都可以算是特征提取和选择。

特征提取是在原有特征的基础上，对原有特征进行组合而得到的特征。特征提取有新的特征产生，而特征选择是在原有特征的基础上，选择一个子集，其与原始特征是包含的关系。关于特征提取和特征选择的方法后面会详细介绍。

4. 训练模型

有了处理好的数据后，接下来就要选择合适的模型进行训练了。每个模型都会有一些基础的参数，在训练模型的时候需要初始化这些参数，后面再根据模型的效果不断优化。

该选择哪个模型进行训练，是逻辑回归还是决策树，对此没有统一的标准，建议多尝试几个模型。模型从简单到复杂，有时候简单的模型不一定效果不好，复杂的模型不一定效果好，总之这一步要不断尝试。

5. 评估选择模型

训练好模型后就需要知道哪个模型效果好，哪个模型效果不好，这就需要一个模型的评价标准，根据这个评价标准不断地进行训练模型，直到得到一个效果比较好的模型为止。

6. 模型部署到生产环境

训练好模型后，就需要将模型进行接口封装，供外部程序调用。到此为止，一个完整的监督学习工作流程完成了，后面就是根据生产数据不断地优化模型。

5.2.3　监督学习的主要算法

在机器学习中所有的回归算法和分类算法都属于监督学习。

以下是一些常用的监督学习算法。

1. K-近邻（K-Nearest Neighbors，KNN）算法

K-近邻算法是一种分类算法，其思路是：如果一个样本的特征空间中的 K 个最相似（即特征空间中最邻近）的样本中的大多数属于某一个类别，则该样本也属于这个类别。K 通常是不大于 20 的整数。该算法中，所选择的邻居都是已经正确分类的对象。该算法在定类决策上只依据最邻近的一个或者几个样本的类别来决定待分类样本所属的类别。

如图 5-7 所示，圆属于三角形那个类还是四边形那个类呢？如果 $K=3$，由于三角形所占比例为 2/3，圆将被赋予三角形那个类；如果 $K=5$，由于四边形比例为 3/5，因此圆将被赋予四边形那个类。

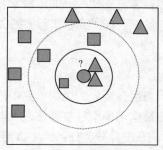

图 5-7　K-近邻算法

该算法的步骤如下。

（1）计算测试数据与各个训练数据之间的距离。

（2）按照距离的递增关系进行排序。

（3）选取距离最小的 K 个点。

（4）确定前 K 个点所在类别的出现频率。

（5）返回前 K 个点中出现频率最高的类别作为测试数据的预测分类。

2. 决策树

决策树是一种常见的分类方法，其思想和"人类逐步分析、比较然后做出结论"的过程十分相似。

决策树是树形结构（可以是二叉树或非二叉树）。其每个非叶节点表示一个特征属性上的测试，每个分支代表这个特征属性在某个值域上的输出，而每个叶节点存放一个类别。使用决策树进行决策的过程就是从根节点开始，测试待分类项中相应的特征属性，并按照其值选择输出分支，直到到达叶节点，将叶节点存放的类别作为决策结果。

不同于贝叶斯算法，决策树的构造过程不依赖领域知识，它使用属性选择度量来选择将元组划分成不同类的属性。所谓决策树的构造就是根据属性选择度量确定各个特征属性之间的拓扑结构。

3. 朴素贝叶斯（Naive Bayesian）

贝叶斯分类是一系列分类算法的总称，这类算法均以贝叶斯定理为基础，故统称为贝叶斯分类。朴素贝叶斯算法是其中应用最为广泛的分类算法之一。朴素贝叶斯分类器基于一个简单的假定：给定目标值时属性之间相互独立。朴素贝叶斯的基本思想是对于给出的待分类项，求解在此项出现的条件下各个类别出现的概率，哪个类别出现的概率最大，就认为此待分类项属于哪个类别。

4. 逻辑回归（Logistic Regression）

线性回归根据已知数据集求解一个线性函数，使其尽可能拟合数据，并让损失函数最小，常用的线性回归最优法有最小二乘法和梯度下降法。而逻辑回归是一种非线性回归模型，相比于线性回归，它多了一个 Sigmoid 函数（或称为 Logistic 函数）。逻辑回归是一种分类算法，主要应用于二分类问题。

5.3 无监督学习

顾名思义，无监督学习就是不受监督的学习。与监督学习建立在人类标注数据的基础上不同，无监督学习不需要人类进行数据标注，而是通过模型不断地自我认知、自我巩固，最后进行自我归纳来实现其学习过程。虽然目前无监督学习的使用不如监督学习广泛，但这种独特的方法论对机器学习的未来发展方向提供了很多可能性，正在受到越来越多的关注。

5.3.1 无监督学习简介

同监督学习相比，无监督学习具有很多明显的优势，其中最重要的一点是不再需要大量的标注数据。如今，以深度学习为代表的机器学习模型往往需要在大型监督型数据集上进行训练，即每个样本都有一个对应的标签。例如，目前在图像分类任务当中被普遍使用的 ImageNet 数据集有 100 多万张人为标记的图像，共分为 1000 类。正因为无监督学习的重要意义，杨立昆（Yann LeCun）有一个非常著名的比喻："假设机器学习是一个蛋糕，强化学习是蛋糕上的一粒樱桃，监督学习是外面的一层糖衣，那么无监督学习才是蛋糕的糕体。"下面用一个简单的例子来理解无监督学习。设想有一批照片，其中包含不同颜色的几何形状。但是机器学习模型只能看到一张张照片，这些照片没有任何标记，也就是说计算机并不知道几何形状及其颜色。人们通过将数据输入到无监督学习模型，算法可以尝试着理解图中的内容，并将相似的物体聚在一起，如图 5-8 所示。在理想情况下，机器学习模型可以将不同形状、不同颜色的几何图形聚集到不同的类别中，而特征提取和标记标签都是模型自己完成的。

图 5-8　无监督学习示意

实际上，无监督学习更接近人类的学习方式。例如，一个婴儿在开始接触世界的时候，父母会拿着一张猫的照片或者抱着一只小猫告诉他这是"猫"。但是接下来在遇到不同的猫的照片或者猫的时候，父母并不会一直告诉他这是"猫"。婴儿会不断地自我发现、学习、调整自己对"猫"的认识，从而最终理解什么是"猫"。相比之下，目前的监督学习算法则要求人们一次次反复地告诉机器学习模型什么是"猫"，也许要高达数万次甚至数十万次。很显然，无监督学习更加接近人们的学习方式。关于无监督学习的更多内容可以参考克里斯托弗·M.毕晓普（Christopher M. Bishop）的《模式识别与机器学习》。

常用的无监督学习算法有 K 均值（K-Means）聚类算法等。

5.3.2　K 均值聚类算法

K 均值聚类算法是一种迭代求解的聚类分析算法，其大致步骤为预先将数据分为 K 组，并随机选取 K 个对象作为初始的聚类中心，然后计算每个对象与各个聚类中心之间的距离，把每个对象分配给距离它最近的聚类中心。聚类中心以及分配给它们的对象就代表一个聚类。每分配一个样本，聚类中心会根据聚类中现有的对象重新计算。这个过程将不断重复直到满足某个终止条件。终止条件可以是没有（或最小数目）对象被重新分配给不同的聚类、没有（或最小数目）聚类中心再发生变化、误差平方和局部最小等，如图 5-9 所示。

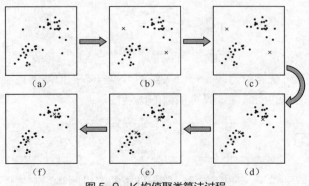

图 5-9　K 均值聚类算法过程

5.4 半监督学习

半监督学习是有一部分数据有一一对应的标签，而另一部分数据的标签未知，通过训练一个智能算法，学习已知标签和未知标签的数据，将输入数据映射到标签的过程，也就是用大量的未标记训练数据和少量的已标记数据来训练模型。半监督学习的基本规律是：数据的分布必然不是完全随机的，通过一些有标签数据的局部特征，以及更多没标签数据的整体分布，就可以得到可以接受甚至是非常好的分类结果。虽然用的是大量的未标记训练数据和少量的已标记数据，但无论如何，训练数据量的提高，尤其是高质量、大规模的训练数据对模型的效果永远是有正向作用的。常用的半监督学习算法有半监督支持向量机（Semi-Supervised Support Vector Machine，S3VM）算法等。

半监督学习是一种介于监督学习和无监督学习之间的学习方法。在半监督学习中，通常存在只拥有少量有标注数据的情况，这些有标注数据并不足以训练出好的模型，但同时拥有大量未标注数据可供使用，可以通过充分地利用少量的有标注数据和大量的无标注数据来改善算法性能。因此，半监督学习可以最大限度地发挥数据的价值，使机器学习模型从体量巨大、结构繁多的数据中挖掘出隐藏在其背后的规律，半监督学习也因此成为近年来机器学习领域比较活跃的研究方向，被广泛应用于社交网络分析、文本分类、计算机视觉和生物医学信息处理等诸多领域。

在半监督学习中，基于图的半监督学习方法被广泛采用，也产生了诸多成果。该方法将数据样本间的关系映射为一个相似度图，如图 5-10 所示。其中，图的节点 $x_1 \sim x_5$ 表示数据点（包括灰色标记数据和白色无标记数据）；图的边被赋予相应权重（数字 1 和数字 2），代表数据点之间的相似度，通常来说相似度越高，权重越大。对无标记样本的识别，可以通过图上标签传播的方法实现，节点之间的相似度越高，标签传播概率越高；反之，传播概率越低。在标签传播过程中，保持已标注数据的标签不变，使其像一个源头一样把标签传向未标注节点。每个节点根据相邻节点的标签来更新自己的标签，当迭代过程结束时，相似节点的概率分布也趋于相似，可以划分到同一个类别中，从而完成标签传播过程。

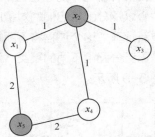

图 5-10 半监督学习节点标签

基于图的半监督学习方法简单有效，符合人类对数据样本相似度的直观认知，同时还可以针对实际问题灵活定义数据之间的相似性，具有很强的灵活性。

5.5 强化学习

强化学习，又称为再励学习、评价学习，是一种重要的机器学习方法。强化学习就是智能系统从环境到行为映射的学习，目的是使奖励信号（强化信号）函数值最大。不同于监督学习，强化学习主要表现在教师信号上，由环境提供的强化信号对产生动作的好坏进行评价（通常为标量信号），而不是告诉强化学习系统（Reinforcement Learning System，RLS）如何去产生正确的动作。由于外部环境提供的信息很少，因此 RLS 必须靠自身的经历进行学习。通过这种方式，RLS 在行动–评价的环境中获得知识，改进行动方案，以适应环境。强化学习要解决的问题为：主体怎样通过学习选择能达到其目标的最优动作。当主体在其环境中做出每个动作时，施教者应提供奖励或惩罚信息，以表示结果状态的正确与否。例如，在训练主体进行棋类对弈时，施教者可在游戏胜利时给出正回报，在游戏失败时给出负回报，其他时候给出零回报。主体的任务是从这个非直接的、有延迟的回报中学习，以便后续动作产生最大的累积回报。

如今，强化学习算法已经在游戏、机器人等领域大放异彩，百度、谷歌、微软等各大科技公司更是将强化学习技术作为其重点发展的技术之一。著名学者戴维·西尔弗（David Silver，AlphaGo 的发明者之一）认为，强化学习是实现通用人工智能的关键路径。

与监督学习不同，强化学习需要通过尝试来发现各个动作产生的结果，而没有训练数据告诉机器应当做哪个动作，但是人们可以通过设置合适的奖励函数，使机器学习模型在奖励函数的引导下自主学习出相应策略。强化学习的目标就是研究在与环境的交互过程中，如何学习到一种行为策略使得最大化得到累积奖赏。简单来说，强化学习就是在训练的过程中不断地尝试，错了就扣分，对了就奖励，由此训练得到在各个状态环境当中最好的决策。例如，在对狗的训练中，人类实际上并没有途径与狗直接进行沟通，告诉它应该做什么、不应该做什么，而是用食物（奖励）来诱导训练。每当它把屋子弄乱后，就减少美味食物的数量（惩罚）；表现好时，就加倍美味食物的数量（奖励），那么小狗最终会学到"把客厅弄乱是不好的行为"这一经验。从狗的视角来看，它并不了解所处的环境，但能够通过大量尝试学会如何适应这个环境。

需要指出的是，强化学习通常有两种不同的策略：一是探索，也就是尝试不同的事情，看它们是否会获得比之前更好的回报；二是利用，也就是尝试过去经验当中最有效的行为。例如，假设有 10 家餐厅，你在其中 6 家餐厅吃过饭，知道这些餐厅中比较好吃的可以打 8 分；而其他的餐厅也许可以打 10 分，也可能只打 2 分。那么你应该如何选择呢？如果你以每次的期望得分最高为目标，就有可能一直吃打 8 分的那家餐厅，但永远不会突破 8 分，也就吃不到满分的餐厅。所以，只有去探索未知的餐厅，才有可能吃到更好吃的饭，即使伴随着不可避免的风险。这就是探索和利用的矛盾，也是强化学习要解决的一个难点问题。

强化学习给人们提供了一种新的学习范式，它和监督学习有明显区别。强化学习处在一个对行为进行评判的环境中，使得计算机在没有任何标签的情况下，通过尝试一些行为并根据这个行为结果的反馈不断调整之前的行为，最后学习到在什么样的情况下选择什么样的行为可以得到最好的结果。在强化学习中，人们允许结果奖励信号的反馈有延时，即可能需要经过很多步骤才能得到最后的反馈，而监督学习则不同，监督学习没有奖励函数，其本质是建立从输入到输出的映射函数。就好比在学习的过程中，有一个导师在旁边，他知道什么是对的、什么是错的，并且当算法做了错误的选择时会立刻纠正，不存在延时问题。

总之，由于强化学习涵盖范围比较广泛，其学习框架也具有广泛的适用性，已经被广泛应用在自动控制、调度金融、网络通信等领域。在认知、神经科学领域，强化学习也有重要研究价值，已经成为机器学习领域的新热点。

5.6 实验与实践

本小节将通过 SenseStudy·AI 实验平台来完成机器学习生成模型，了解机器学习以及通过模型学习的原理。

【实验】生成模型体验

实验目标：通过一个群体的样本，生成特定模型，并对此模型进行学习并应用。

具体实验步骤如下。

（1）打开并登录 SenseStudy·AI 实验平台，单击"教学平台实验列表"，选择并进入"生成模型体验"实验界面。

（2）进入实验界面后，在积木块选择区中选择"变量"模块，单击模块中的"创建变量"按钮，创建变量"data"积木块，用于加载一个班级学生身高体重的数据。

（3）创建变量"G"积木块，将加载的学生身高体重数据训练成模型。

（4）将一个班级学生身高体重数据画成散点图，组合后的积木块如图 5-11 所示。

图 5-11　加载学生身高体重数据训练模型并绘制散点图

（5）创建变量"test_data"积木块，通过列表存储学生的身高体重数据，第一个位置存储身高（cm）、第二个位置存储体重（kg）。

（6）判断被检测的数据"test_data"是否符合训练模型"G"中的数据范围，组合后的积木块如图 5-12 所示。

图 5-12　建立列表模块并设置身高体重对应位置

（7）创建变量"data_new"积木块，存储从训练模型"G"中随机产生的 500 个学生身高体重数据。

（8）画出变量"data_new"存储数据的散点图，组合后的积木块如图 5-13 所示。

图 5-13　存储模块随机生成的数据并绘制散点图

（9）创建变量"data_s"积木块，通过列表存储学生的身高体重数据。

（10）通过模型"G"画出变量"data_s"存储数据的图像，组合后的积木块如图 5-14 所示。

（11）可以生成一些新的数据：找出其中有特色但又合理的来画出一些新的卡通形象。可以找出其中两个点，画出较胖和较瘦的两个学生。

图 5-14　创建列表模块存储身高体重数据并画图

程序分为两部分：

第一部分加载一个班级同学的身高体重数据，因为样本数量少，所以可以将数据的散点图画出来，进行直观的显示。通过少量数据训练的模型来进行判断，以检测数据是否符合模型。

第二部分从训练的模型中加载了更多的数据，样本数量增多，对于数据检测更加精确，可以从模型中画出数据里的图像。

（12）实验效果展示。本实验体验了生成模型的使用，通过学习班里同学身高体重的信息来完成生成模型的两个功能，第一个功能是给出一组身高体重数据让计算机判断是否可能是同年龄段学生的真实数据。第二个功能是让计算机生成一组可能是同年龄段学生的身高和体重数据。实现效果如图 5-15 和图 5-16 所示。

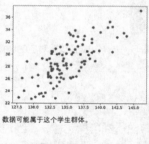

数据可能属于这个学生群体。

数据可能不属于这个学生群体。

图 5-15　通过少量数据训练的模型来进行判断，以检测数据是否符合模型

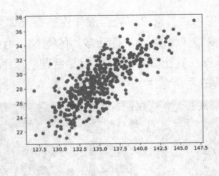

图 5-16　生成的数据对应的图像

本章小结

　　机器学习是目前人工智能领域研究的核心热点之一。经过多年的发展，尤其是最近 20 年其与统计学及神经科学的交叉，为人们带来了高效的网络搜索、实用的机器翻译、高精度的图像理解和识别，极大地改变了人们的生产、生活方式。机器学习技术在人们日常生活中的应用已经非常普遍，从搜索引擎到指纹识别，从用户推荐到辅助驾驶，人们可能在毫无察觉的情况下每天使用不同的机器学习技术达几十次之多。相关的研究者越来越认为，机器学习是人工智能取得进展的最有效途径之一。

　　本章围绕机器学习的基础理论和基本概念，从监督学习、无监督学习、半监督学习及强化学习 4 个角度介绍当前机器学习的主流方法，简要介绍了不同方法的典型应用场景以及各种不同方法在解决问题时的优点和缺点，并基于实际案例让读者感受机器学习的魅力。

　　作为目前人工智能中最活跃的研究领域之一，机器学习领域的学习资料相对丰富，读者可以根据自身需要利用公开课程掌握机器学习的基本概念，可以通过阅读最新科研论文掌握机器学习的最新进展，也可以在开发者平台上和相关的研究者进行交流和实践。

课后习题

一、单选题

1. 下列不属于学习的是（　　）。

   A. 通过练习学会游泳　　　　　　B. 通过记忆能够背诵唐诗三百首

   C. 青春期嗓音发生改变　　　　　D. 通过摸索找到吹口哨的诀窍

2. 大数据对机器学习的影响不包括（　　）。

   A. 提高机器学习的影响力　　　　B. 为机器学习提供更多的精准数据

   C. 为机器学习提供性能更强的计算模式　　D. 提高机器学习工作效率

3. 下列对传统编程与机器学习描述正确的是（　　）。

   A. 传统编程已经被机器学习完全替代

   B. 机器学习由人提供数据和结果，机器输出程序

   C. 传统编程是由人提供数据和结果，机器输出程序

   D. 机器学习由人编写程序提供数据，机器输出结果

4. 模拟人脑的宏观心理级学习过程，以认知心理学原理为基础，以符号数据为输入，以符号运算为方法，用推理过程在图或状态空间中搜索，学习的目标为概念或规则的学习方法是（　　）。

   A. 神经网络学习　　　　　　　　B. 统计机器学习

   C. 函数学习　　　　　　　　　　D. 符号学习

5. 机器学习的重要性主要体现在（　　）方面。

   A. 为复杂问题提供解决方案　　　B. 机器学习是新兴技术

   C. 机器学习能够让人脱离劳动　　D. 机器学习是人工智能的重要分支

6. 下列不属于监督学习工作流程的是（　　）。

   A. 收集准备数据　　　　　　　　B. 数据预处理

   C. 建立数据仓库　　　　　　　　D. 训练模型

7. 下列不是监督学习的主要算法的是（　　）。

   A. K-近邻算法　　　　　　　　　B. 决策树

   C. 朴素贝叶斯　　　　　　　　　D. K 均值聚类算法

8. 下列对无监督学习表述错误的是（　　）。

   A. K 均值聚类算法是典型无监督学习算法

   B. 无监督学习可以大量使用没有标注的数据

   C. 无监督学习说的是学习过程中不需要人的监督

   D. 无监督学习强调让机器自己寻找规律

9. 下列对半监督学习描述正确的是（　　）。

   A. 半监督学习在部分材料中不单独作为机器学习的一种分类

   B. 半监督学习指的是有百 50%的标记数据

   C. 半监督学习的灵活性相对监督学习更弱

   D. 半监督学习目前还没有实际应用

10. 下列对强化学习描述错误的是（ 　　　）。

A. 受到行为主义心理学研究的启发

B. 强化学习的模式类似训练宠物做动作

C. 强化学习的概念在 1954 年被提出

D. 强化学习指学习能力更强的算法

二、填空题

1. 广义的学习指的是人或动物在生活过程中凭借经验产生的行为或行为潜能的相对_____的改变。

2. 监督学习是指通过让机器学习大量带有_____的样本数据，训练出一个模型，并使该模型可以根据输入得到相应输出的过程。

3. 无监督学习不需要人类进行_____，而是通过模型不断地自我认知、自我巩固，最后进行自我归纳来实现其学习过程。

4. _____是有部分数据有一一对应的标签，另一部分数据的标签未知，训练一个智能算法，学习已知标签和未知标签的数据，将输入数据映射到标签的过程。

5. 强化学习是机器学习的一个重要分支，是受到_____研究的启发，产生的一种交互式学习方法，又称为增强学习、再励学习、评价学习。

三、简答题

1. 简述机器学习与传统编程的区别。

2. 列出机器学习的分类有哪些？

3. 简述监督学习和强化学习的区别与联系。

第6章
自动驾驶

06

1885 年，卡尔·本茨（Carl Benz）研制出世界上第一辆马车式三轮汽车，由此人类进入汽车时代。随着技术的不断发展与进步，人类对于智能驾驶这一梦想有了新的期待。

自动驾驶汽车（Autonomous Vehicles/Self-Driving Automobile），又称无人驾驶汽车、计算机驾驶汽车，或轮式移动机器人，是一种通过计算机系统实现无人驾驶的智能汽车。自动驾驶从开始发展至今已有数十年的历史，并在 21 世纪逐渐呈现出接近实用的趋势。1925 年，发明家弗朗西斯·霍迪纳（Francis Houdina）展示了一辆无线电控制的汽车，自动驾驶的雏形开始显现；1986 年，第一辆自动驾驶汽车雪佛兰厢式货车 NavLab 1 诞生；1992 年，我国第一辆真正意义上的无人驾驶汽车诞生；进入 21 世纪后，自动驾驶技术获得了更多的关注，互联网"巨头"公司、传统车企、新兴企业等都逐渐加入自动驾驶领域。

本章要点

- 自动驾驶的概念
- 自动驾驶的分级模式
- 自动驾驶的技术路线及涉及的软硬件

6.1 自动驾驶的概念

6.1.1 自动驾驶汽车

1986 年，第一辆自动驾驶汽车出现，如图 6-1 所示。自此自动驾驶迎来极速发展。自动驾驶技术的发展可能会对世界产生巨大的影响。例如，在汽车行业，自动驾驶汽车可能不再"私有化"，车企将由"销售车辆"转向"销售车辆娱乐服务"等。在信息与通信技术（Information and Communication Technology，ICT）行业，自动驾驶汽车之间是通过通信技术相互连接的，在移动通信营业厅也将可以购买自动驾驶汽车服务。再如，在金融行业，有了"不会发生车祸的汽车"后，汽车保险的定义、资金流向、产业结构都会发生巨大变化。

当前，各国汽车产业都处于转型升级的高速发展期，人工智能技术为自动驾驶汽车发展注入了新活力。人工智能产业是我国加快建设创新型国家和世界科技强国的关键，人工智能技术成为智能网联汽车、智能机器人、智能无人机等具体的智能化设备的基础。自动驾驶汽车作为人工智能产业重点发展目标，是集成智能视频图像识别系统、智能翻译系统、智能语音交互系统、自动驾驶操作系统、智能车载计算平台、高精度地图系统、智能分析的决策算法、车联网通信系统等多个系统的人工智能产物。它主要通过嵌入计算机视听觉、生物特征识别、复杂环境识别、智能语音处理、自然语言理解、智能决策控制以及新型人机交互等技术，实现汽车的自感知、自学习、自适应、自控制；应用机器学习、专家系统、深度学习等人工智能技术对数据资源进行分析和挖掘，实现对研发设计、生产制造、运维服务等环节的智能决策支持。

图 6-1　第一辆自动驾驶汽车 NavLab 1

　　自动驾驶汽车通过人工智能技术、传感器、高精度定位技术、监控装置等的协同合作，使得人类不干预驾驶，通过计算机即可自动、安全地操作机动车辆。近年来，汽车智能化程度越来越高。自动驾驶主要用到的是机器学习和模式识别两方面技术。目前，互联网企业也大多采用机器学习与人工智能算法来切入智能汽车领域，通过传感器、高精度地图、高精度定位等多种途径获取海量数据，使用人工智能算法及深度学习来实现车辆的路径规划和决策驾驶。同时用收集到的驾驶行为、驾驶经验、场景等数据信息，进行深度学习以实现车辆的自动驾驶。

6.1.2　国内外自动驾驶的现状

　　欧洲各车企正在积极大力布局自动驾驶。欧洲主流传统车企纷纷发布自动驾驶战略。宝马公司重点推动自动化与网联化驾驶；奔驰公司的近期目标为实现大部分车型的自动驾驶，远期目标为实现更高智能度的自动驾驶。欧洲传统车企与供应商合作加速了自动驾驶技术的开发，例如，2018年7月，戴姆勒、博世和英伟达公司宣布共同开发 M 级与 L5 级别无人驾驶汽车。通用汽车公司也在筹划以自动驾驶技术服务或移动出行服务商的身份重返欧洲市场。

　　美国同样一直致力于自动驾驶汽车的研发。2009 年，谷歌启动无人驾驶汽车计划，截至 2012年年底，谷歌无人驾驶汽车已经行驶超过 30 万 km。与此同时，互联网企业成为自动驾驶技术发展的重要驱动力。2015 年 6 月，谷歌推出第三代完全自主设计和生产的无人驾驶汽车，优步、来福车和苹果公司都已获得测试许可证启动路测。同时，互联网"巨头"公司还在不断调整布局方式，如阶段性放弃独立造车计划，致力于提供自动驾驶软硬件一体化解决方案等。

　　日本各大车企已根据各自的目标建立了相应的计划表。日产汽车于 2018 年实现在高速道路自动变更车道；本田汽车将在 2025 年实现自动驾驶技术第四阶段。由三菱集团、地图制造商 Zenrin

主导的一些地图企业、整车制造企业联合成立动态交通地图企业来对动态地图数据进行收集、集成、处理，为自动驾驶汽车做充分的准备。

我国企业在智能驾驶领域的推进同样非常迅速，市场方面呈现出众多厂商角逐的态势，还有传统车企与 IT 企业跨界合作等特点。首先，我国传统车企积极布局智能驾驶，各传统与新兴整车企业都积极制定了其自动驾驶系统发展战略；其次，以百度、阿里、腾讯等为代表的互联网公司也专注于研发自动驾驶技术，争相推进产业化落地，其中，阿里智慧物流车如图 6-2 所示；再次，整车企业通过跨界合作寻求产业融合和商业模式创新发展；最后，融合创新生态体系初步形成，先进传感器、车载计算平台等一些关键技术取得突破，路网信息化建设加快，LTE-V、5G 等测试工作展开，高精度地图、人机交互等方面同步发展，自动驾驶相关产业链逐步完善。

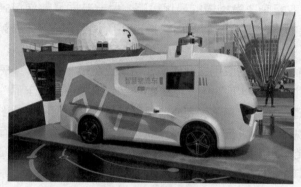

图 6-2　阿里智慧物流

6.1.3　人工智能技术在自动驾驶汽车上的应用

人工智能技术在自动驾驶汽车上的应用主要体现在环境感知、行为决策与路径规划、车辆控制这三大功能的算法程序上，即运用深度学习、模糊逻辑、专家系统、遗传算法等，通过大数据的自主学习和训练，使自动驾驶汽车具备一定程度的智能。从产品形式上看，其应用主要体现在检索识别、理解分析、计算决策、视听交互等多个整车性能方面，以及雷达、高精度地图、人工智能芯片等核心零部件制造商的产品研发上。

人工智能技术在自动驾驶汽车上的应用具体如下。

（1）计算机视觉在环境感知方面的应用有静态交通灯和交通标志识别、车道线检测、动态物体的识别与跟踪，以及基于不同算法的车辆自身定位等。基于深度学习的计算机视觉，可获得接近于人的感知能力。模式识别、卷积神经网络等方法可以用于计算机获取的大量图像/视频信息的处理，再融合运动预测算法即可实现运动物体的识别与追踪。

运动预测算法主要包括底层的光流（Optical Flow）法与立体视觉技术，以及基于马尔可夫决策过程的多个运动目标识别追踪算法等。光流法利用图像序列中像素在时间域上的变化以及相邻帧之间的相关性来找到上一帧跟当前帧之间存在的对应关系；立体视觉基于多个摄像头的同一时刻图像，使用神经网络的监督学习，通过对获取图像的训练得到场景的三维深度或距离估计，从而预测目标的运动轨迹。基于马尔可夫决策过程的多个运动目标识别与追踪算法是美国斯坦福大学的研究者在 2015 年的国际计算机视觉大会（International Conference on Computer Vision，ICCV）

上发表的新的运动预测算法，该算法需要对运动目标进行马尔可夫建模，通过对马尔可夫状态空间的目标状态转换分析来完成对物体的追踪。

（2）行为决策与路径规划是人工智能在自动驾驶汽车领域中的另一个重要应用。强化学习可以有效地解决环境中存在的特殊情况，也可以通过和环境交互来学习在相应的场景下的规划和决策，以实现最优驾驶行为。强化学习的目标是在既定环境下，通过探索学习到最佳的策略，采取最优行为。常用的强化学习算法有 REINFORCE 算法和 Deep Q-Learning 算法。现有的深度强化学习解决的问题对于复杂决策的场景无法通过短期的效果得到最优决策，此时必须结合基于搜索的算法来解决问题。基于搜索的算法一般使用搜索树来实现，通过穷举搜索树的每个节点，用递归的方式计算出最值函数和最优策略。基于搜索的算法和基于强化学习算法的结合，一方面能够通过搜索获取复杂决策场景的最优策略，另一方面又能通过强化学习加速搜索过程。自动驾驶汽车的控制是指当收到控制指令后，控制系统调整车辆的机械参数使其达到控制目标的过程。

（3）人工智能在车辆控制中的应用主要体现在自动控制技术方面，集中在模糊控制和专家系统控制，主要通过控制器中的程序实现对电气系统的控制。模糊控制在车辆控制中的应用主要体现在对行为与动作的智能处理。车载传感器在完成信息采集后，会对信息进行融合处理并做出判断，在模糊推理算法下，对优先级行为进行确定，通过汽车平台实现各项操作。专家系统控制主要是应用某一特定领域内大量的专家知识和推理方法解决问题的过程，其研究目标是通过模拟人类专家的推理处理过程，实现对车辆的控制。

6.1.4　人工智能在自动驾驶中面临的挑战

自动驾驶汽车给人们描绘了一幅出行蓝图，但是要让新生事物从理想变成现实，让它能够更安全、更稳定地行驶，仍面临诸多挑战。

（1）现阶段应用于自动驾驶汽车上的人工智能技术还处于弱人工智能阶段，仍需深入研发、学习。弱人工智能专注于完成具体的任务，能对单一领域问题进行学习、训练，但对多信息的语义理解还不够。目前的人工智能成果多用于解决具体问题，还达不到人脑具备的智能水平。只有创造出具有多领域信息理解力的人工智能才能真正实现人工智能。

（2）对自动驾驶技术而言，人工智能技术在感知、规划和决策这3个功能层面及车载计算平台等方面的应用融合是一大挑战，因为需要的不再是针对某一特定算法功能或计算支撑能力的单项智能，而是具备多种智能技术的"驾驶脑"，其需要像人一样具备感知、判断、学习能力。人工智能技术在自动驾驶汽车上的应用必然需要实现数据传输与信息交互，多种互联方式中的信息安全对自动驾驶汽车而言是巨大挑战。

（3）人工智能技术需要通过互联网来对交通路况进行实时更新，此外，数据的上传与接收也需要互联网，这使得人工智能技术对互联网的依赖性较强，但目前的网络安全形势并不理想，网络攻击事件层出不穷，如何保障人工智能技术在自动驾驶汽车中安全、可靠地利用成为亟须解决的问题。

（4）自动驾驶在法律认定方面目前没有现成的法律体系可依据，特别是事故的责任划分，这使得自动驾驶汽车的法律约束问题难以解决。当机器人具备自主意识后是否会成为民事主体，以及新型"人机关系"等都值得人们进一步深思并完善立法。与之相关的汽车保险与赔偿如何适用法律，也需要解决。事实上，无人驾驶汽车定责的法律问题相当复杂，不仅涉及设计、制造、用户等之间的多重法律关系，而且需要厘清的责任包括合同责任、侵权责任、产品责任等。自动驾驶技术及相关产业研发人员在研究过程中应当确保智能驾驶算法和智能传感器等与社会人的理念一致，不侵犯、不挑战人权，在可接受范围内开展研究。

6.2 自动驾驶的分级模式

自动驾驶技术的发展并非一蹴而就，从手动驾驶到完全自动驾驶，需要经历相当长的缓冲时期。统一自动驾驶等级的概念对于这一发展过程具有非常重要的意义，它有助于厘清自动驾驶的概念，实现对不同自动驾驶能力的区分和定义。当前，全球汽车行业中两个较为权威的分级系统分别由美国国家公路交通安全管理局（National Highway Traffic Safety Administration，NHTSA）和国际自动机工程师学会（SAE International）提出。2013 年，NHTSA 首次发布了自动驾驶分级标准，将自动驾驶分为 L0~L4 共 5 个等级。2014 年，SAE International 制定了 J3016 自动驾驶分级标准，将自动驾驶分为 L0~L5 共 6 个等级。

NHTSA 对于自动驾驶分级包含如下所述的 5 个等级。

Level 0（L0）：人工驾驶。没有任何自动驾驶功能、技术，驾驶员对汽车所有功能拥有绝对控制权。驾驶员需要负责启动、制动、操作和观察道路状况。任何驾驶辅助技术，只要仍需要人控制汽车，都属于 L0。

Level 1（L1）：辅助驾驶。驾驶员仍然需要保证驾驶过程的绝对安全，但可以将一些控制权转移给系统管理，其中一些功能已经可以自动执行，如自适应巡航控制（Adaptive Cruise Control，ACC）、电子控制制动辅助（Electronic Brake Assist，EBA）、车道保持辅助（Lane Keeping System，LKS）等。图 6-3 所示为雷达自动跟车系统。

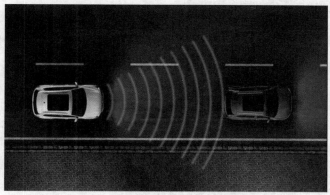

图 6-3 雷达自动跟车系统

Level 2（L2）：部分自动驾驶。驾驶员和车辆协同控制，驾驶员不能在一定的预设环境下驾驶车辆，即手和脚同时离开控制，但驾驶员仍需处于待命状态，负责驾驶安全，并在短时间内随时准备接管车辆的驾驶权，如图 6-4 所示。该等级的核心不是车辆需要有两个以上的自动驾驶功能，而是驾驶员已经不再是主要操纵者。

图 6-4　部分自动驾驶

Level 3（L3）：有条件的自动驾驶，即在有限的条件下实现自动控制。例如，在预先设定的路段（例如高速、低流量的城市路段）中，自动驾驶系统可以独立负责对整个车辆的控制，然而，在特殊紧急情况下，驾驶员仍然需要接管，系统需为驾驶员预留足够的警告时间。该级别将"解放"驾驶员，驾驶员无须随时监控道路状况，将驾驶主控权交给车辆自动驾驶系统。

Level 4（L4）：完全自动驾驶，无须驾驶员的干预。在无须驾驶员协助的情况下由出发地驶向目的地。仅需起点和终点信息，汽车将全程负责行车安全，并完全不依赖驾驶员干涉。行车时可以无人乘坐（如空车货运）。

SAE International 与 NHTSA 制定的这两个分级标准的区别主要在于对完全自动驾驶级别的定义与划分。与 NHTSA 不同，SAE International 将 NHTSA 包含的 L4 级别进一步划分为 L4 和 L5 两个级别，如图 6-5 所示。SAE International 的这两个级别都可定义为完全自动驾驶，即车辆已经能够独立处理所有驾驶场景、完成全部驾驶操作，完全不需要驾驶员的接管或介入。这两个级别仍存在区别，L4 级别的自动驾驶通常适用于城市道路或高速公路这类场景；而 L5 级别的要求更严苛，车辆必须在任何场景下做到完全自主驾驶。

| 自动驾驶分级 | | 名称 | 定义 | 驾驶操作 | 周边监控 | 接管 | 应用场景 |
NHTSA	SAE						
L0	L0	人工驾驶	由驾驶员全权驾驶汽车	驾驶员	驾驶员	驾驶员	无
L1	L1	辅助驾驶	车辆对方向盘和加减速中的一项操作提供驾驶，人类驾驶员负责其余的驾驶操作	驾驶员和车辆	驾驶员	驾驶员	限定场景
L2	L2	部分自动驾驶	车辆对方向盘和加减速中的多项操作提供驾驶，驾驶员负责其余的驾驶操作	车辆	驾驶员	驾驶员	限定场景
L3	L3	有条件的自动驾驶	由车辆完成绝大部分驾驶操作，驾驶员需保持注意力集中以备不时之需	车辆	车辆	驾驶员	限定场景
L4	L4	高度自动驾驶	由车辆完成所有驾驶操作，驾驶员无须保持注意力，但限定道路和环境条件	车辆	车辆	车辆	限定场景
L4	L5	完全自动驾驶	由车辆完成所有驾驶操作，驾驶员无须保持注意力	车辆	车辆	车辆	所有场景

图 6-5　自动驾驶分级标准

我国对自动驾驶的分级首次出现在《中国制造 2025》重点领域技术路线图中，将汽车按智能化和网联化两个发展方向进行分级。与 SAE International 的自动驾驶分级基本保持对应，中国汽车工程学会（China-SAE）将自动驾驶汽车分为 DA、PA、CA、HA 和 FA 5 个等级，考虑到我国道路交通情况的复杂性，加入了对应级别下智能系统能够适应的典型工况特征。

6.3 自动驾驶的技术路线及涉及的软硬件

6.3.1 自动驾驶的两条技术路线

在自动驾驶方面，有两条不同的技术路线。一条是"渐进演化"的路线，也就是在传统的汽车上逐渐新增一些自动驾驶功能，这种路线主要利用传感器，通过车车通信（Vehicle-to-Vehicle，V2V）、车云通信实现对路况的分析。另一条是完全"革命性"的路线，即从一开始就研发完全的自动驾驶汽车，如谷歌和福特公司在一些结构化的环境里测试的自动驾驶汽车，这种路线主要依靠车载激光雷达、计算机和控制系统实现自动驾驶。

6.3.2 自动驾驶涉及的软硬件

1. 传感器

传感器相当于自动驾驶汽车的"眼睛"。通过传感器，自动驾驶汽车能够识别道路、其他车辆、行人障碍物和基础交通设施等，在最小测试量和验证量的前提下保证车辆对周围环境的感知，如图 6-6 所示。

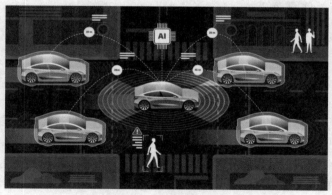

图 6-6 传感器的应用

按照自动驾驶不同的技术路线，传感器可分为激光雷达、传统雷达和摄像头两种，除此之外，还有颜色传感器、超声波传感器等。

（1）激光雷达是当前自动驾驶企业采用比例最大的传感器类型，谷歌、百度、优步等公司的自动驾驶技术目前都依赖于它，这种设备安装在汽车的车顶上，能够用激光脉冲对周围环境进行距离检测，并结合软件绘制 3D 图，从而为自动驾驶汽车提供足够多的环境信息。激光雷达具有准确、快速的识别能力，唯一的缺点在于造价高昂，导致量产汽车中难以使用该技术。

（2）传统雷达和摄像头是传感器的替代方案。由于激光雷达的价格高昂，走实用性技术路线的车企纷纷转向以传统雷达和摄像头作为替代方案，从软件和车辆连接能力方面进行加强。其硬件原理与目前车载的自适应巡航控制系统类似，依靠覆盖汽车周围的 360°视角的摄像头及前置雷达来识别三维空间信息，从而确保交通工具之间不会碰撞。虽然这种传感器方案成本较低、易于量产，但对于摄像头的识别能力具有很高要求：单目摄像头识别需要建立并不断维护庞大的样本特征数据库，如果缺乏待识别目标的特征数据，就会导致系统无法识别以及测距，很容易引发事故；而双目摄像头可直接对前方景物进行测距，但难点在于计算量大，需要提高计算单元性能。

（3）颜色传感器。颜色传感器对相似颜色和色调的检测可靠性较高，它是通过测量构成物体颜色的三基色的反射比率实现颜色检测的。自然界中有各种各样的颜色，物体对光的选择吸收是产生视觉上不同颜色的主要原因。物体颜色的确定需要色调、明度和饱和度三大要素或三原色（红、绿、蓝）的刺激值。对于彩色图像，通常用（R，G，B）来表示一种颜色，它表示用红（R）、绿（G）、蓝（B）3 种基本颜色叠加后的颜色。

对于每种基本颜色，用 0~255 的整数表示这个颜色分量的明暗程度。如图 6-7 所示，3 个数字中对应某种基本颜色的数字越大，表示该基本颜色的比例越大，例如，（255，0，0）表示纯红色，（0，255，0）表示纯绿色，（0，0，255）表示纯蓝色。

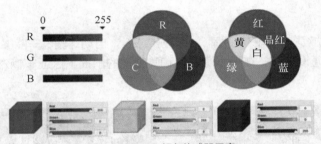

图 6-7　RGB 颜色传感器示意

（4）超声波传感器。18 世纪，生物学家斯帕兰扎尼（Spallanzani）揭示了蝙蝠能在黑暗中飞行自如的奥秘：用超声波确定障碍物的位置。超声波是一种频率高于 20000Hz 的声波，其方向性好，穿透能力强，易于获得较集中的声能。超声波传感器是一种根据超声波遇到障碍物会反射回来的特性进行距离测量的传感器。其工作原理是：发射高频声波，当声波遇到障碍物后就会被反弹回来并被接收到；通过计算声波从发射到返回的时间，从而获得与障碍物的距离值，如图 6-8 所示。超声波传感器的优点是：灵敏度高、穿透力强；成本低，使用方便；能适应潮湿、灰尘、污垢环境；无须光源，在黑暗环境下能正常工作。其缺点是：由于是一种机械波，超声波使用效果受到传播介质的影响，在不同的天气情况下超声波的传播速度不同；若传播速度较慢，则无法准确反馈汽车高速行驶时的车距的实时变化，从而导致误差变大，影响测量精度；无法精确获取障碍物的具体位置，一般都有探测盲区。

2．地图和定位

自动驾驶车辆只有准确识别车辆的位置，才能决定如何进行导航，所以地图的重要性不言而喻。自动驾驶技术对于车道、车距、路障等信息的依赖程度很高，需要非常精确的位置信息，位置信息是自动驾驶车辆理解环境的基础。随着自动驾驶技术的不断进化、升级，为了实现决策的安全性，位置信息需要达到厘米级的精确程度。如果说传感器为自动驾驶车辆提供了直观的环境印象，那么高精度地图则可以通过车辆准确定位，将车辆准确地还原在动态变化的立体交通环境地图中。

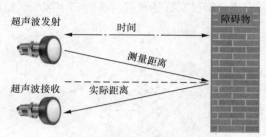

图 6-8　超声波传感器原理示意

地图选择方案目前主要有两种：一种是精致高清（High Definition，HD）地图，这种地图往往配备在那些使用了激光雷达的厂商方案中，目的是创建 360° 的周围环境认知；另一种是特征映射地图，这种地图通常与传统雷达和摄像头的方案结合使用，可以通过地图捕捉车道标记、道路和交通标志等，虽然这种方案提供的地图精度不足，但通过映射道路特征，可以使系统的处理和更新变得更加容易。对于地图制作者来说，需要不断采集和更新传感器包来保证地图不断更新。

车辆定位的方案也主要包括两种：一种是使用包括全球定位系统（Global Positioning System，GPS）在内的车载传感器比较自动驾驶车辆感知到的环境与高清地图之间的区别，可以非常精确地识别车辆所处位置、车道信息及行驶方向等，所使用的技术包括车路协同（Vehicle-to-Everything，V2X）；另一种主要通过 GPS 获取车辆位置，然后使用车载摄像头等装置完善定位信息，逐帧比较的方式可以降低 GPS 信号的误差范围。以上两种定位方案都对导航系统和测绘数据有很强的依赖。第一种方案可以更加准确地描绘位置信息，但第二种方案更加易于部署，也不需要高清地图支持。对于设计者来说，第二种方案对车辆位置的准确性要求不高，更加适合乡村或人烟稀少的区域。

3．自动驾驶中的人工智能分析

自动驾驶车辆对传送实时数据的传感器数量，以及对数据进行智能处理的需求可能会非常庞大。而人工智能被用于现代汽车的 CPU 以及多个电子控制单元（Electronic Control Unit，ECU）中。

由于人工智能已在机器人等众多领域中得到应用，它自然成为自动驾驶的首选技术。人工智能和感知技术可以提供更安全、更确定的行为，从而提高了燃油效率、舒适性和便利性等。

开发如自动驾驶汽车这样复杂的人工智能系统面临的挑战有很多。人工智能必须与众多传感器交互，并实时使用数据。许多人工智能算法的计算量都很大，因此很难与内存和计算速度受限的 CPU 一起使用。现代汽车是一种实时系统，必须在时域中产生确定性结果，这关系到驾驶汽车的安全性。诸如此类的复杂分布式系统需要大量内部通信，而这些内部通信容易带来时延，从而干扰人工智能算法做出决策。另外，汽车中运行的软件还存在功耗问题。越密集的人工智能算法消耗功率也越大，尤其对只依赖电池充电的电动车而言，这是一个很大的问题。

在自动驾驶汽车中，人工智能用于完成多项重要任务。其主要任务之一是路径规划，即车辆的导航系统。人工智能的另一项重要任务是与传感系统交互，并解释来自传感器的数据。

4．传感器数据处理

自动驾驶车辆在运行期间，无数个传感器为汽车的 CPU 提供数据，包括道路信息、其他车辆信息，以及人类能够感知到的、检测到的任何障碍物信息。有些传感器甚至可以提供比普通人更好的感知能力，但要做到这一点就需要智能算法，以理解实时生成的数据流。

　　智能算法的主要任务之一是检测和识别车辆周围的物体。人工神经网络是用于该任务的典型算法。图 6-9 显示了 3 种神经网络，不过实际的神经网络的节点数和层数可能要多很多。

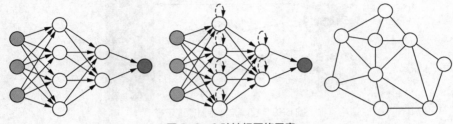

图 6-9　3 种神经网络示意

　　视频输入分析使用机器学习算法和最可能的神经网络对对象进行分类。由于传感器类型不同，因此为每个传感器配备专用的硬件/软件模块是很有必要的。这种方法允许并行处理数据，因此可以更快地做出决策。每个传感器可以利用不同的人工智能算法，将其结果传送给其他单元或 CPU。

　　路径规划对于优化车辆线路并生成更好的交通模式非常重要，它有助于降低时延并避免道路拥堵。对人工智能算法来说，路径规划也是一个非常适合它的任务。因为路径规划是一个动态任务，人工智能算法可以将很多因素考虑进去，并在执行路径规划时解决优化问题。路径规划的定义如下：路径规划使自动驾驶车辆能够找到从出发点到终点最安全、最便捷、最经济的路线，它利用以往的驾驶经验帮助人工智能系统在未来提供更准确的决策。

　　路径规划好之后，车辆就可以通过检测物体、行人、自行车和交通信号灯等来了解道路状况，通过导航到达目的地。目标检测算法是人工智能社区的主要关注点，因为它能够实现仿人类行为。但当道路情况不同或天气变化时，挑战就来了。很多测试车辆出事故都是由于模拟环境与现实环境的情况不同，而人工智能软件若接收到未知数据，可能做出不可预测的反应。

　　最具前景的维护类型是预测性维护。它的定义如下：预测性维护利用监测和预测模型来确定机器状况，并预测可能发生的故障以及何时会发生。它尝试预测未来的问题，而不是现在已经存在的问题。从这方面来讲，预测性维护可以节省大量时间和金钱。监督学习和无监督学习都可用于预测性维护。

5．决策

　　目前，自动驾驶汽车设计者主要采用基于机器学习与人工智能算法的决策系统实现自动驾驶汽车决策。

　　算法是支撑自动驾驶技术决策最关键的部分。海量的数据是机器学习以及人工智能算法的基础，通过之前提到的传感器、V2X 设施和高精度地图信息所获得的数据，以及收集到的驾驶行为、驾驶经验、驾驶规则、案例和周边环境的数据信息，不断优化算法，其能够识别并最终规划路线、操纵驾驶车辆。

6.4　实验与实践

　　本小节将通过 SenseStudy・AI 实验平台来完成虚拟小车自动驾驶相关实验，体验在自动驾驶中人工智能是如何对车辆进行各种操控的。

【实验 1】通过 U 型赛道

实验目标：使小车顺利通过前方的一条 U 型赛道。

SenseStudy·AI 实验平台在该章节中提供了智能小车操作控制、通过 U 型赛道、智能避障、逃离迷宫等试验。

通过浏览器登录学生账号后，单击"教学平台实验列表"，可进入"通过 U 型赛道"实验界面，如图 6-10 所示。U 型赛道被 A、B、C、D 分为五段，包括直行和转弯两种运行模式。

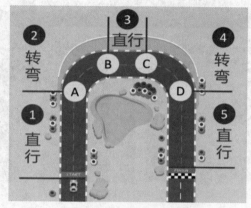

图 6-10　通过 U 型赛道

在运行的过程中，如果小车触碰到赛道两侧的墙壁，即挑战失败，因此要设置合理的左右轮牵引力及运行时间，小心地控制小车的速度和前进方向。

实验中可按照图 6-11 所示的过程不断调整左右轮的牵引力及运行时间，以比较智能车的运行效果。

	起点—A点			A点—B点			B点—C点		
	方案一	方案二	方案三	方案一	方案二	方案三	方案一	方案二	方案三
左轮牵引力	50	70	100	70	90	100	80	70	100
右轮牵引力	50	70	100	50	20	30	80	70	100
运行时间	3	4	2	4	4	1.9	1	2.5	0.9
运行效果	未到达A点	越过A点继续直行，碰壁	刚好到达A点	右转弯度不够，碰左壁	右转弯度过大，碰右壁	刚好到达B点	未到达C点	越过C点继续直行，碰壁	刚好到达C点

	C点—D点			D点—终点					
	方案一	方案二	方案三	方案一	方案二	方案三			
左轮牵引力	70	90	100	50	70	100			
右轮牵引力	50	20	30	50	70	100			
运行时间	4	4	1.9	3	4	2			
运行效果	右转弯度不够，碰左壁	右转弯度过大，碰右壁	刚好到达D点	未到达终点	越过终点继续直行，碰壁	刚好到达终点			

图 6-11　通过 U 型赛道的方案

　　具体实验步骤如下。

　　（1）打开并登录 SenseStudy・AI 实验平台，单击"教学平台实验列表"，选择并进入"通过 U 形赛道"实验界面。

　　（2）进入实验界面后，选择积木块选择区中的"行动"模块，单击模块中的"前进"积木块，填入左右轮的速度值，智能车前进：智能车以左、右轮 100% 的牵引力，行驶时长 2 秒，通过左边的直线道路，如图 6-12 所示。

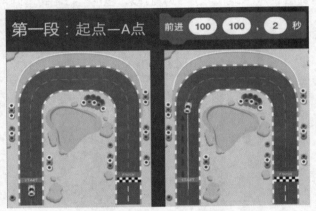

图 6-12　通过 U 型赛道起点

　　（3）智能车右转：控制智能车以左轮 100% 的牵引力，右轮 30% 的牵引力，行驶时长 1.9 秒，完成第一个右转向，如图 6-13 所示。

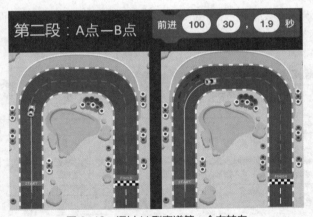

图 6-13　通过 U 型赛道第一个右转向

　　（4）智能车前进：智能车以左、右轮 100% 的牵引力，行驶时长 0.9 秒，通过上方的直线道路，如图 6-14 所示。

　　（5）智能车右转：控制智能车以左轮 100% 的牵引力，右轮 30% 的牵引力，行驶时长 1.9 秒，通过第二个右转向，如图 6-15 所示。

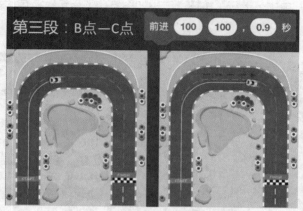

图 6-14　通过 U 型赛道上方的直线道路

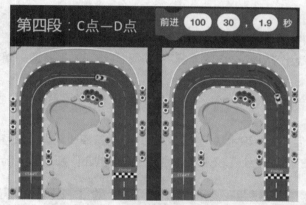

图 6-15　通过 U 型赛道第二个右转向

（6）智能车前进：智能车以左、右轮 100%的牵引力，行驶时长 2 秒，通过右边直线道路，完成挑战，如图 6-16 所示。

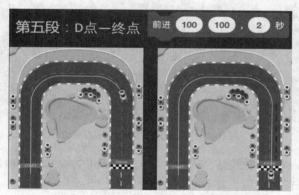

图 6-16　通过 U 型赛道右边直线道路

（7）关键步骤为：使用控制指令的组合解决复杂问题，通过智能车的牵引力和行驶时长来控制运动路线。

（8）实验效果展示：单击"运行"按钮，结果如图 6-17 所示，蓝色线条为智能小车在 U 型赛道上的完整运行轨迹。

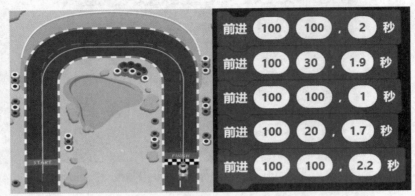

图 6-17　完整效果图

【实验 2】自动驾驶中的重复与循环结构

实验目标：尝试着让小车在不碰墙的情况下，顺利环绕正方形赛道一圈。

具体实验步骤如下。

（1）打开并登录 SenseStudy·AI 实验平台，单击"教学平台实验列表"，选择并进入"重复与循环结构"实验界面。

（2）进入实验界面后，选择积木块选择区中的"行动"模块，尝试调整智能车的左、右车轮牵引力大小、方向和行驶的时间，让它较为精确地在正方形的左侧那条边上前进，如图 6-18 所示。

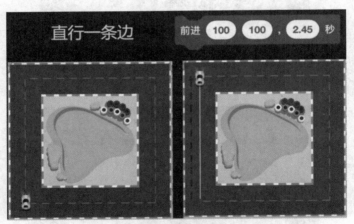

图 6-18　通过正方形赛道左侧那条边

（3）智能车直角右转弯：调整智能车的左、右车轮牵引力大小、方向和行驶时间，让它能在正方形的左上方顶点上向右转 90 度，如图 6-19 所示。

（4）将实现直角转弯的所有积木块定义成名称为"turnright"的函数。

（5）单击"运行"按钮，结果如图 6-20 所示，蓝色线条为智能小车在正方形赛道上的完整运行轨迹。

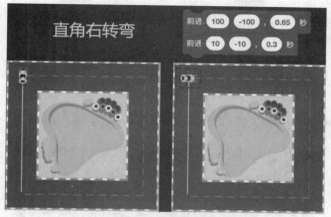

图 6-19　通过正方形赛道另一个顶点

图 6-20　通过正方形赛道完整效果图

【实验 3】自动驾驶避障

实验目标：前进的小车遇到障碍物时可以自动避让。

具体实验步骤如下。

（1）打开并登录 SenseStudy·AI 实验平台，单击"教学平台实验列表"，选择并进入"自动驾驶避障"实验界面。

（2）进入实验界面后，选择积木块选择区中的"变量""检测""循环""行动"模块，并设置小车的初始速度，组合后的积木块如图 6-21 所示。

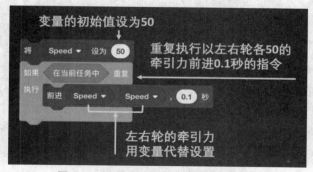

图 6-21　用变量和循环模块设置初始速度

（3）选择积木块选择区中的"逻辑"模块，通过"如果……否则如果……否则如果……"和"第1个颜色传感器检测到……"积木块控制小车变速行驶，组合后的积木块如图6-22所示。

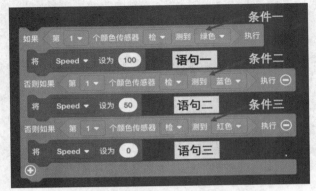

图6-22　控制小车变速行驶

（4）设置小车成功检测并躲避障碍物，组合后的积木块如图6-23所示。

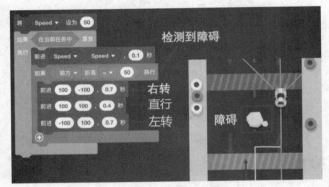

图6-23　避障的设置

（5）实验效果展示。

单击"运行"按钮，结果如图6-24所示，白色实线为小车变速及避障的完整运行轨迹。

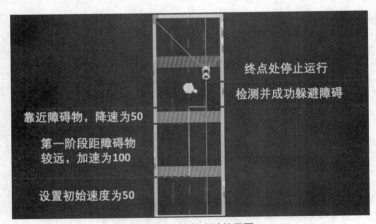

图6-24　完整实验效果图

【实验 4】自动驾驶中逃离迷宫

实验目标：在封闭的场地中自动驾驶汽车逃离迷宫。

具体实验步骤如下。

（1）打开并登录 SenseStudy·AI 实验平台，单击"教学平台实验列表"，选择并进入"逃离迷宫"实验界面。

（2）进入实验界面后，选择积木块选择区中的"变量""检测""循环""行动"模块，并设置小车向前行驶至距离物体边缘障碍 250 处，也就是希望在第二条红线处转弯，如果设定大一些，如 260，那就会在第二条红线前就转弯，如图 6-25 所示。

（3）规划路径，接下来的程序是通过调整积木块控制小车的运动速度和运动时间，先设置左转，并以左右轮 50% 的牵引力行进 2.1 秒，再左转，行进 1.9 秒，然后右转，行进 2.3 秒，最后右转直行，就可以抵达目标点。

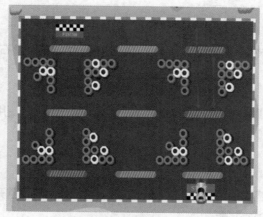

图 6-25　逃离迷宫

（4）使用颜色传感器积木块判断是否到达指定位置；使用超声传感器积木块来判断是否太靠近边缘；通过函数积木块来进行左转或右转操作的调用。

（5）实验效果展示。小车从起点通过颜色传感器和超声传感器检测的信息运行至终点，成功逃离迷宫，如图 6-26 所示。

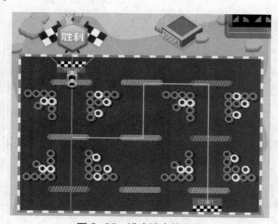

图 6-26　逃离迷宫效果图

本章小结

  自动驾驶车辆在农业、运输和军事等领域开始逐渐应用，自动驾驶汽车全面普及的时代也终会来临。自动驾驶车辆根据传感器信息和人工智能算法来执行必要的操作，它需要收集数据、规划并按路线行驶，而这些任务，尤其是规划和按路线行驶需要依赖于人工智能中的机器学习技术。自动驾驶的实现和落地需要经过现实复杂路况的不断锤炼，同时还需要完善道路建设和法律法规。最高级别（L5）的自动驾驶虽然离人们还很遥远，但是只要人类追求科技的脚步不停，持续攻坚，相信终有一天自动驾驶会从"科幻"转为现实。

课后习题

一、选择题

1. 在智能小车的学习中，可以通过（   ）控制小车完成左转及右转功能。
    A. 舵机方式   B. 差速方式
    C. 使用方向盘   D. 拖曳方式

2. 智能小车需要行走到地面标有蓝线的位置后停止前进，可以使用（   ）进行停止前进的判定。
    A. 触控传感器   B. 颜色传感器
    C. 超声波传感器   D. 角度传感器

3. 在自动驾驶中，人工智能系统需要不断地通过路面信息来调整开车的策略，这种处理模式适合用（   ）来训练出合理的策略。
    A. 监督学习   B. 无监督学习
    C. 强化学习   D. 弱化学习

4. 导航软件里面某位艺人的声音是（   ）制作的。
    A. 语音合成   B. 本人录制
    C. 语音识别   D. 词典查询

5. 在智能小车的巡线行走的任务中，使用了（   ）。
    A. 触控传感器   B. 颜色传感器
    C. 超声波传感器   D. 角度传感器

6. 根据 SAE International 定义，自动驾驶按照功能可以分为（   ）级别。
    A. 4个   B. 5个
    C. 6个   D. 7个

7. 智能小车在空旷的环境中按地面的红线进行巡线行走时，可以采用（   ）控制自己的运动方向。
    A. 触控传感器   B. 颜色传感器
    C. 超声波传感器   D. 光电传感器
    E. 声控传感器

8. 判断小车第 1 个颜色传感器是否为绿色，以下指令正确的是（　　　）。

   A. get_color()[1][0]< 128   B. get_color()[1][1]< 128

   C. get_color()[0][1]< 128   D. get_color()[1][2]< 128

二、填空题

1. 三原色指的是_____、_____、_____。

2. 物体颜色的确定需要_____、_____、_____三大要素或三原色的刺激值。

3. 根据 NHTSA 定义，自动驾驶按照功能可以分为_____级别。

三、简答题

1. GPS 是什么？

2. 智能导航的应用有哪些？

3. 路径规划机制有哪些？

第7章
智能机器人

07

机器人是集电子、机械、计算机、控制、传感器等多学科及高新技术于一体的一种装置。智能机器人可以理解为给机器人装上了"大脑芯片"，具有"大脑芯片"的机器人可以通过自身动力和控制能力，按照事先设置的程序，自动执行任务。智能机器人正在创造新产业、新业态，推动生产和消费向智能化转变，进而深刻影响人类生产和生活。世界各国已纷纷将机器人列入国家计划进行重点规划和部署。

最早应用的机器人是各制造企业的工业机器人，随着技术的发展，机器人的应用向着多元化的方向拓展，满足了不同领域的需求，逐步形成了机器人的产业链。而在 2016 年，AlphaGo 以压倒性的优势战胜当时的围棋世界冠军李世石后，掀起了一波人工智能技术研究的浪潮，人工智能技术取得长足的进步，使得智能机器人产业迎来了蓬勃发展。智能机器人是一个在感知、思维及行为方面全面模拟人的机器系统。目前，智能机器人已在全球得到了广泛应用，它可以代替人类完成一些重复、烦琐的工作，也可以完成对于人类来说危险性较高的工作，或者人类无法完成的工作，总之它将在各个领域大展身手。

本章要点

- 了解机器人的发展和"机器人学三定律"
- 了解智能机器人的相关技术
- 熟悉智能机器人的应用领域

///// 7.1 智能机器人概述

7.1.1 机器人的起源与诞生

对于机器人的幻想，人类早在千年前就已经有了，这体现了人类长期以来的一种愿望，即渴望创造出一种像人一样的东西，代替人类去完成各种工作。

"机器人"（Robot）这个词是存在于多种语言和文字的新造词，它起源于 1920 年捷克剧作家卡雷尔·恰佩克（Karel Capek，1890—1938）的科幻剧作《罗萨姆的万能机器人》，这个剧作叙述的是机器人如何反叛它们的创造者——人类。他根据古斯拉夫语中的单词"robota"（原意为"强制劳动"），创造出"Robot"这个词。

1942 年，美国科幻巨匠艾萨克·阿西莫夫（Isaac Asimov）在自己的科幻小说 *Runaround*

中提出著名的"机器人学三定律",被称为"现代机器人学的基石"。

第一定律:机器人不得伤害人类个体,或者目睹人类个体遭受危险而袖手旁观。

第二定律:机器人必须服从人类给予它的命令,当该命令与第一定律冲突时例外。

第三定律:机器人在不违反第一、第二定律的情况下要尽可能保护自己。

"机器人学三定律"虽来自科幻小说,但是机器人学术界一直将其视为机器人开发的准则。

1954 年,美国人乔治·迪沃尔(George Devol)制造出世界上第一台可编程的机器人,并申请了专利。这种机械手能按照不同的程序从事不同的工作,具有一定的通用性和灵活性。1959 年,美国人约瑟夫·恩格尔伯格(Joseph Engelberger)和乔治·迪沃尔联手制造出世界上第一台工业机器人"Unimate",中文名为"尤尼梅特",如图 7-1 所示。随后,约瑟夫·恩格尔伯格成立了世界上第一家机器人制造工厂——Unimation 公司,并于 1961 年为美国通用汽车公司生产了第一批"Unimate"工业机器人,其成了第一批投入使用的机器人。由于约瑟夫·恩格尔伯格对工业机器人的研发和宣传做出了重大贡献,因此他被称为"机器人之父"。自此,机器人的历史才真正开始。

图 7-1　第一台工业机器人"Unimate"

1962 年,美国机械与铸造(American Machine and Foundry,AMF)公司推出了"VERSATRAN"工业机器人,它采用示教再现模式,是机器人产品中较早的实用机型,如图 7-2 所示。1956 年至 1972 年,由查利·罗森(Charlie Rosen)领导的美国斯坦福研究院(现在称为 SRI International)研发成功了可移动机器人"Shakey",如图 7-3 所示。它装备了电视摄像机、三角测距仪、碰撞传感器、驱动电机以及编码器,并通过无线通信系统由两台计算机控制,可以执行简单的自主感知、环境建模、导航与规划行动路径等任务。虽然当时的计算机算力较低,导致 Shakey 需要数小时来感知和分析环境,并规划行动路径,但它却是当时将人工智能应用于机器人中最为成功的案例,证实了许多属于人工智能领域的严肃科学结论。Shakey 可以算是世界上第一台智能机器人,其研究成果也影响了很多后续的研究。

人工智能并不等同于机器人,二者不可以混淆。前者可以完成学习、感知、语言理解或逻辑推理等工作,能够完成很多人类之前根本无法完成的工作。若想胜任这些工作,人工智能必然需要一个载体,这个载体便是机器人。机器人是可编程机器,能够自主地或半自主地执行一系列动作。机器人与人工智能相结合,人工智能程序将使机器人能够感知、思考与行动,因此,具备感知、思考和行动能力的机器人称为智能机器人。由此,人们常将感知、思考和行动称为智能机器人的三要素。感知是指机器人通过传感器和人工智能算法感知与认识周围环境;思考是指机器人根据感知到的信息，采用人工智能算法进行多传感器融合处理，以做出决策；行动是指机器人对外界做出相应的执行动作。机器人的感知包括视觉、接近觉、距离等非接触型和力觉、压觉、触觉、滑觉等接触型等感知，用于机器人感知的传感器相当于人的眼、鼻、耳等器官。

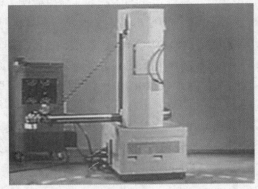

图 7-2 "VERSATRAN"工业机器人

图 7-3 第一台智能机器人"Shakey"

7.1.2 机器人的发展历程

机器人存在的意义在于协助或代替人类从事高重复性、高风险或者人类无法胜任的工作。自 20世纪 60 年代以来，机器人的研究与发展经历了 3 次换代，而智能机器人属于第三代。

1. 第一代：程序控制机器人

第一代机器人是程序控制机器人，简称程控机器人，也叫示教再现机器人。它完全按照事先载入机器人存储器的步骤进行工作；也可以使用"示教-再现"方式，所谓"示教"是指在机器人第一次执行任务之前，由人引导机器人去执行操作，即教机器人去做应做的工作，机器人将所有操作一步步地记录下来，并将每一步表示为一条指令，示教结束后机器人通过执行这些指令以同样的方式和步骤完成同样的工作（即再现）。1962 年，美国研制成功并大量投入工业生产的"PUMA"就是通用示教再现机器人，它通过一台计算机控制一个多轴自由度的机械手臂来完成任务，如图 7-4 所示。

图 7-4　通用示教再现机器人"PUMA"

这一代机器人能成功地模拟人的运动功能，它们会拿取和安放、会拆卸和安装、会翻转和抖动，能尽心尽职地看管机床、熔炉、焊机、生产线等，能有效地从事安装、搬运、包装、机械加工等工作。如果任务或环境发生了变化，则要重新进行程序设计。目前国际上商品化、实用化的机器人大都属于这一类。这一代机器人虽具有记忆、存储能力，能按相应程序重复作业，但最大的缺点是对周围环境基本没有感知与反馈控制能力，只能刻板地完成程序规定的动作，适应不了环境的变化（如装配线上的物品略有倾斜，就会出现问题）。

2.　第二代：自适应机器人

第二代机器人是有感知的机器人，其自身配备类似人的感知器官的传感器，如视觉、听觉、触觉、力觉等传感器，在机器人工作时，通过感知传感器获取作业环境、操作对象的各种信息，然后由计算机对获得的信息进行分析、处理，控制机器人的动作，使其灵活调整自己的工作状态，以保证在适应环境的情况下完成工作。由于它能随着环境的变化而改变自己的行为，故称为自适应机器人。目前，这一代机器人也已进入商品化阶段，主要从事焊接、装配、搬运等工作，在工业生产中得到广泛应用。第二代机器人虽然具有一些初级的智能，但还没有达到完全"自治"的程度，因此，有时也称这类机器人为手眼协调型机器人。

2000 年 10 月，日本本田技研工业株式会社（以下简称本田）为了帮助行动不便者研制出了仿人型机器人"ASIMO"，中文名为"阿西莫"，这款机器人能精准模仿人类的动作，是一个能用双脚直立行走的机器人，身高约 1.3m，体重约 48kg，如图 7-5 所示。它的行走速度为 0～9km/h。早期的机器人如果直线行走时突然转向，必须先停下来，看起来比较笨拙。而 ASIMO 就灵活得多，它可以实时预测下一个动作并提前改变重心，因此可以行走自如，进行诸如"8"字形行走、下台阶、弯腰等各项"复杂"动作。此外，ASIMO 还可以握手、挥手，甚至可以随着音乐翩翩起舞。2007 年 9 月 28 日，第二代 ASIMO 双脚步行机器人在西班牙巴塞罗那亮相并表演了踢足球和上楼梯。

从诞生以来，ASIMO 经过了三代的升级，体型和能力都得到了优化，2012 年，最新版的

ASIMO，除具备行走功能与完成各种人类的肢体动作之外，还具备人工智能，可以预先设定动作，能依据人类的声音、手势等指令，完成相应动作，此外，它还具备基本的记忆与辨识能力。2018年，本田宣布停止更新和生产 ASIMO。

图 7-5　仿人型机器人"ASIMO"

3．第三代：智能机器人

智能机器人指具有类似于人的智能的机器人，它不仅具有比第二代机器人更加完善的环境感知能力，配备有视觉、听觉、触觉、嗅觉、力觉、滑觉等感知传感器和测量仪器，还具有逻辑思维、判断和决策能力，能从外部环境中获取有关信息，然后依靠人工智能技术进行识别、理解、判断，最后做出决策规划、控制自己的行为，具有作用于环境的行为能力，能通过传动机构使自己的"手""脚"等肢体行动起来，正确、灵巧地执行思维机构下达的命令。

美国波士顿动力公司（以下简称波士顿动力）于 1992 年从 MIT 集团拆分出来，由马克·雷波特（Marc Raibert）成立，2020 年 12 月被韩国现代汽车公司收购。该公司致力于开发仿生或人形机器人，旗下有众多机器人，比较有代表性的有四足机器人"BigDog"、四足机器狗"Spot"、人形机器人"Atlas"和轮腿机器人"Handle"等。

2005 年，在美国国防部高级研究计划局的资助下，波士顿动力打造了名为"大狗"的四足机器人。在车辆难以通行的复杂地形里，它可以帮士兵背负最多 180kg 的装备。正是因为"大狗"让波士顿动力声名大噪，但它后来因为运行噪声过大，无法在战场上实际使用，而被美军放弃。

有了四足机器"大狗"的技术基础，2016 年 3 月，波士顿动力研制出四足机器狗"Spot"。Spot 是一款低噪声运行的电动液压四足机器狗，它能走、能跑，另外还能爬楼梯、上坡、下坡等。2018 年，波士顿动力在此基础上推出更加灵活小巧的四足机器狗"Spot Mini"，如图 7-6 所示。

2019 年 9 月，机器人 Spot Mini 以租赁的方式投放市场，在面向市场时改名为"Spot"。面向市场以来，Spot 已经被应用在多个不同的领域。2020 年 2 月，Spot 正式"入职"挪威石油公司 Aker BP，成为该石油公司第一台拥有员工编号的机器人，并用于对石油和天然气生产船的巡逻。Spot 要穿梭于复杂、狭小的空间，完成故障排查、泄漏检测、收集设备数据等任务，并生成安全报告。

这代机器人已经具有了自主性，有自动学习、推理、决策、规划等能力，并迅速发展为新兴的高技术产业，未来将大量进入寻常百姓家为人们提供优质的服务。

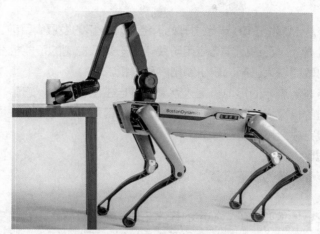

图 7-6　加机械臂的四足机器狗 "Spot Mini"

目前研制的机器人大多数都只具有部分智能，真正意义上的第四代机器人是具有学习、思考、情感的智能机器人，由于基础学科的发展还没有能力提供这样的技术，因此还处于概念设计阶段。

7.1.3　智能机器人的分类

目前，智能机器人按照不同的领域和服务形式有很多不同的分类。以下是智能机器人的几种分类情况。

1. 按功能分类

智能机器人按功能分为以下 3 类。

（1）传感型机器人。

传感型机器人又称外部受控机器人，这种机器人装配多种感知传感器（包括视觉、听觉、触觉、接近觉、力觉和滑觉传感器等）来模拟人类的感知器官，用于获取周围各种环境信息，并利用计算机控制系统对获取的信息进行多模态信息融合处理，以此做出推理，得到结果，实现控制与操作的能力。目前机器人世界杯的小型组比赛使用的机器人就属于这种类型，只不过它们受控于外部计算机。

（2）交互型机器人。

交互型机器人通过计算机系统与操作员或程序员进行人机对话，实现对自身的控制与操作。它们虽然具有了部分处理和决策功能，能够独立地实现一些诸如轨迹规划、简单的避障等功能，但是还要受到外部的控制。

2016 年 4 月，诞生于中国科学技术大学的 "佳佳" 便是一种交互型机器人。它的身高为 1.6m，"肤白貌美，五官精致"，初步具备了人机对话理解、面部微表情、口型及躯体动作匹配、大范围动态环境自主定位导航等功能。

（3）自主型机器人。

自主型机器人被设计、生产出来之后，无须人的干预，就能够在各种环境下自动完成各项拟人任务。自主型机器人带有各种感知传感器和控制器，拥有感知、处理、决策、执行等模块，就像一个自主的人一样能够独立地活动和处理问题。越来越多的国家和机构投入了更多的资金和人力来研究全自主移动机器人。

智能机器人的研究从 20 世纪 60 年代初开始，经过几十年的发展，目前，基于感觉控制的智能机器人（又称第二代机器人）已达到实际应用阶段，基于知识控制的智能机器人（又称自主型机器人或下一代机器人）也取得较大进展，已研制出多种样机。

当下，在我国已经非常流行的扫地机器人就是一种自主型机器人，它最早在欧美市场销售，是无线的、能够自主充电的机器人，其运行时可以规划清洁区域并将垃圾吸进垃圾盒中，自动躲避障碍及台阶的能力使其能完成全屋的清扫任务。

2. 按智能程度分类

智能机器人按智能程度分为以下 3 类。

（1）工业机器人。

工业机器人只能死板地按照人给它规定的程序工作，不管外界环境有何变化，其自身都不能对程序也就是对所做的工作做相应的调整。如果要改变机器人所做的工作，必须由人对程序做相应的更新或通过"示教-再现"模式进行简单学习，因此它是没有或仅有低级智能的机器人。

（2）初级智能机器人。

初级智能机器人配置有各种感知传感器，具有像人一样的感知、识别、推理和判断能力，可以根据外界环境的变化，在一定程度上自行修改程序，也就是说它能自动适应外界环境的变化，自主做出相应的调整。不过，修改程序的原则是由人预先规定的，这种机器人可以看作拥有初级智能。

（3）高级智能机器人。

高级智能机器人不仅具有感知、识别、推理和判断能力，而且能像人类一样思考和理解人类感情，甚至拥有自我学习的能力，它同样可以根据外界环境的变化，在一定程度上自行修改程序。与初级智能机器人不同的是，修改程序的原则不是由人规定的，而是机器人自己通过学习、总结经验来获得的。所以它的智能比初级智能机器人要高。这种机器人已拥有一定的自动规划能力，能够自己安排自己的工作，已经可以脱离人完全独立地工作，故又称为高级自律机器人。这种机器人也已开始走向市场。

7.2 机器人中的智能技术

随着社会的发展，人们的需求越来越多，对机器人的智能程度要求也越来越高。许多人工智能技术已经应用到智能机器人中，提高了机器人的智能化程度。智能机器人是人工智能技术最好的用武之地，可以全面检验人工智能技术的实用性，促进人工智能理论与技术的深入研究。目前，对智能机器人的发展影响比较大的人工智能关键技术主要包括智能感知（多传感器融合）技术、智能人机交互（人机接口）技术、智能导航与规划技术等。

7.2.1 智能感知技术

成为智能机器人的首要条件是机器人应具有智能感知能力。传感器是能够获取环境变化信息的装置，是机器人获取信息的主要部件。如果把计算机看成机器人的大脑，把通信系统看成传递信息的神经系统，那么传感器就是感知器官，类似于人的五官。智能感知技术则是关于从环境中获取信息并对之进行处理、变换和识别的多学科交叉的现代科学与工程技术。以下是对人工智能技术在机器人视觉、触觉和听觉感知技术，以及多传感器信息融合方面的介绍。

1. 视觉感知技术

机器人要想拥有更高的智能就必须能处理、理解摄像头获取的视觉信息。视觉感知技术是一门研究如何使机器人"看"的学科，更进一步地说，它用摄像头作为机器人的"眼睛"对周围环境里的物体进行识别、跟踪和测量等。

使用摄像头获取的物体图像是二维的，经过 GPU 进行图像处理输出，让机器人能够辨识物体，还可以通过测距算法确定其位置。机器人判断物体的位置和形状通常需要距离和明暗信息。机器人要获取色彩信息可以通过配备颜色传感器来实现，但它对物体的位置和形状的识别起的作用不大。如果没有颜色识别的需求可以忽略。由于机器人视觉系统是采用摄像头来实现"看"的功能的，所以对光照的依赖性很大，为了使拍摄的图像更清晰，不仅要补光，还要避免阴影、低反差、镜反射等问题。

智能机器人要实现对无序摆放的物体的自动抓取，就需要使用视觉感知技术对目标物体进行图像特征的识别，通过在无数的物体图像中抓取与操作相关的特征进行提取和分类，训练出相关特征分类模型，如 Cornell 模型就是广泛使用在机械臂上的抓取特征模型。视觉感知技术不仅可以为机器人的动作控制和移动路径导航，还可以用于视觉分类、检验（例如物流分拣、仓储管理、食品安全检验等）等领域。在自动驾驶的应用中，视觉感知技术可以为车辆提供车道保持、交通标志识别、各种障碍物识别等技术支持，如图 7-7 所示。

图 7-7　自动驾驶中的视觉感知技术

2. 触觉感知技术

人类皮肤表面散布着无数触点，触点的大小不尽相同、分布不规则，一般情况下指腹最多，所以指腹的触觉最灵敏，触觉是人与外界环境直接接触时的重要感觉功能。当视线被遮挡、光照条件差或不在视线方向时，能通过触觉感知、获取物体信息就非常重要了。触觉使人们可以精确地感知、抓握和操纵各种各样的物体，是和环境互动的一种重要方式。近年来，人们意识到触觉感知在机器人研究中的重要性，对触觉感知技术的研究越来越多。开发更好的智能触觉感知系统是智能机器人研究的一个重要方向。

智能机器人要想拥有人类的触觉感知能力就离不开触觉传感器。触觉传感器主要包括接触觉传感器、滑觉传感器、压力觉传感器、接近觉传感器等。触觉感知技术可以让机器人在触摸物体或进行人机交互时，通过接触觉传感器来识别出被接触物体的纹理、刚度和温度等表面特性；通过滑觉传感器来进行切向力和法向力测算等滑动评估，以提高抓取的稳定性；通过压力觉传感器来判断接触力的大小以实现手指握力的控制；通过接近觉传感器利用物体位移产生的回传信号的强度来实现距离的检测。

　　机器人是一个复杂的工程系统，开展机器人多模态融合感知需要综合考虑任务特性、环境特性和传感器特性。随着现代传感器、控制器和人工智能技术的进步，触觉传感器取得了长足的发展，它使用采集到的、非常复杂的高维触觉信息，结合不同机器学习中的聚类、分类算法训练并完成触觉模型的建立，进行机械臂抓取稳定性的分析以及对抓取物体的分类与识别。但目前在机器人触觉感知方面的研发进展还远远落后于视觉感知与听觉感知。图 7-8 所示是拥有触觉的机械臂抓取物体。

图 7-8　拥有触觉的机械臂

3. 听觉感知技术

　　人的耳朵是非常重要的感知器官。物体振动产生的声波通过空气的传播，经外耳、中耳和内耳的传导系统，引起耳蜗内淋巴液和基底膜纤维的振动，并由此刺激听觉细胞，使其兴奋，产生神经冲动，神经冲动沿着听觉神经传到丘脑后内侧膝状体，交换给神经元后进入大脑皮层听区，形成听觉。

　　在人工智能技术促进智能机器人高度发展的当下，一个不具有听觉能力的机器人已经不能满足人们的需求了。人们往往要求机器人能够感知声音的强度、音调、音色等，并能分辨出声源的方向，甚至能够识别超出人类听觉范围的其他声波。随着听觉感知技术的不断进步，人们希望能够跟机器人进行畅通无阻的人机对话，机器人不仅要能分辨出男女的声音，而且要能够理解语言中的情感信息。这可以通过人工智能技术进行相关语音特征模型的训练，来提高机器人语音识别的准确度。

　　听觉传感器用来接收声波、显示声音的振动图像。它是一种可以检测、测量并显示声音波形的传感器，它的存在使得机器人能更好地完成人机交互任务。

　　语音输入、智能驾驶中的车机语音唤醒、聊天机器人、语音控制早教助手（见图 7-9）等都属于听觉感知技术的应用范畴。当然，除了日常生活，听觉感知技术还广泛应用在工业、军事、航天、医疗与防疫、翻译等领域。

图 7-9　语音控制早教助手

4. 多传感器信息融合

多传感器信息融合是指利用计算机技术将由多个或多种传感器采集的或多源的信息和数据，在一定的准则下加以自动分析和综合，以做出所需要的决策和评估而进行的信息处理的过程。随着传感器应用技术、数据处理技术的成熟，多传感器信息融合技术已然是一门热门的新兴技术，随着科学技术的不断进步，多传感器信息融合技术将为机器人智能化提供解决方案。

由于机器人的用途不同，配备的传感器有很多，如角度传感器、速度传感器、加速度传感器、倾斜角传感器、方位角传感器等。总之，把来自多个传感器的感知数据融合处理，将产生更可靠、更准确和更全面的信息。融合后的多传感器信息具有冗余、互补、实时和低成本等特性。多传感器信息融合方法主要有卡尔曼滤波、神经网络、小波分析理论、模糊集合理论等。

多传感器信息融合技术是十分活跃的研究领域，主要有 3 个研究方向。

（1）多层次传感器融合。由于单个传感器观测的数据可能存在误差，可以采用多层次传感器融合的方法。低层次融合方法可以融合多个传感器的数据；中等层次融合方法可以融合数据和特征，得到融合的特征或决策；高层次融合方法可以融合特征和决策，得到最终的决策。

（2）微传感器和智能传感器。传感器的性能、价格和可靠性是衡量传感器优劣与否的重要标志，然而许多性能优良的传感器由于体积大而应用市场受限制。微电子技术的迅速发展使小型和微型传感器的制造成为可能。智能传感器则是将主处理器硬件和软件集成在一起。

（3）自适应多传感器融合。在现实世界中，很难获得环境的精确信息，也无法确保传感器始终能够正常工作。因此，对于各种不确定情况，已有一些自适应多传感器融合算法来处理由于传感器的不完善带来的不确定性。

7.2.2　智能人机交互技术

人机交互技术（Human Computer Interaction Technique）是指通过计算机输入输出设备，以有效的方式实现人与计算机"对话"的技术。机器通过显示设备给人提供大量有关信息及提出请示等，人通过输入设备给机器输入有关信息、回答问题及做出指示等。人机交互技术是计算机用户界面设计中的关键技术之一。它与认知学、人机工程学、心理学等领域有密切的联系。

而随着机器人的出现和发展，人们尝试利用人机交互技术来实现用语言、表情、头部动作、手势或者一些可穿戴设备等与机器人进行畅通无阻的交流。

早期人机交互技术主要通过窗口（Window）、图符（Icon）、菜单（Menu）和指示装置（Pointing Device），也称 WIMP 界面，来进行人机交互。苹果公司是这种交互技术的先驱，鼠标的发明就是 WIMP 界面交互在硬件上的衍生。多媒体计算机和虚拟现实（Virtual Reality，VR）技术的出现，改变了人与计算机通信的方式和要求，使人机交互发生了很大的变化。由于 WIMP 界面本质上是一种二维交互技术，它的特点使得从计算机到用户的交互通道比从用户到计算机的要多，这种不平衡的交互需要通过技术的发展来解决。

VR 技术和智能穿戴的兴起带来了立体的人机交互体验。而多通道人机交互技术由于受交互装置和交互环境的影响，不可能、也不必对用户的输入做精确的测量，它是一种非精确的人机交互，有语音交互、手势交互、头部动作交互、眼部运动交互（视觉跟踪）和使用各种智能穿戴的姿势交互等，例如，电玩城的跳舞机就采用了简单的三维手势交互来跟踪舞姿。多通道人机交互技术在可视化科学计算和三维计算机辅助设计（Computer-Aided Design，CAD）系统中占有重要的地位。而多通道人机交互需要一个统一的用户界面来融合，VR 技术正是一种极佳的选择。

随着多通道人机交互技术在智能机器人中的应用，人们可以与机器人对话，也可以对机器人进行多维度的操控。人们可以通过语音交互给机器人下指令或任务，也可以用手势、姿势交互来控制机器人的局部肢体机械运动，或者用智能穿戴设备来实现远程操控机器人执行任务，如图 7-10 所示。智能机器人要能分析人的姿态行为，继而理解人的意图，为人机交互与协作提供充分的信息。

图 7-10　VR 中的智能穿戴设备

对智能机器人进行控制的计算机需要有完善的人机交互接口，它依赖于多通道人机交互技术，而且计算机需要理解人说的话，还要会表达。图像处理、文字识别、语音识别等，这些都离不开人工智能中的深度学习算法。人工智能将人机交互技术与机器人技术结合，使越来越多的机器人能够更合理、高效地服务人类，促进了人工智能技术的发展。

7.3　智能机器人的应用领域

随着科技的进步，越来越多的企业投入智能机器人的研发与生产中，智能机器人的应用也越来越广泛，智能机器人的应用给各个领域带来了巨大的变化。

7.3.1 科研国防领域

1. 军用机器人

军用机器人用于完成战备物资运输、侦察、搜寻、勘探以及实战进攻等任务，使用范围广泛，图 7-11 所示的军用机器人为四足机器人大狗。现在，各种各样的军用机器人发展非常迅速，包括地面作战的机器人和空中作战的无人机。

图 7-11　军用机器人

军用无人机作为现代空中军事力量中的一员，具有无人员伤亡、使用限制少、隐蔽性好、效费比高等特点，是军用机器人中发展最快的类型之一，如图 7-12 所示。它是利用无线电遥控设备和自备的程序控制装置操作，或者由车载计算机完全地或间歇地自主操作的不载人飞机。军用无人机具有结构精巧、隐蔽性强、使用方便、造价低廉、机动、灵活等特点，主要用于战场侦察、电子干扰、携带集束炸弹、制导导弹等武器执行攻击性任务，以及用作空中通信中继平台、核试验取样机、核爆炸及核辐射侦察机等。

图 7-12　军用无人机

人形机器人"Atlas"最早是波士顿动力公司为军方开发的高智能机器人，如图 7-13 所示。其身高约 1.75m，重约 82kg，能跑、能跳，会根据音乐节奏跳舞，还可以做后空翻等高难度动作，平衡能力强大，摔倒了可以自己站起来，是目前行为、动作最接近人类的机器人。它的存在让《终结者》等电影显得不再那么科幻。

图 7-13　人形机器人"Atlas"

2．水下机器人

2019 年 12 月，我国自主研发的新型深海机器人——仿生软体智能机器鱼（如图 7-14 所示）在马里亚纳海沟实现了全球首次万米深海自主驱动。该款机器鱼在约 10900m 的海底，按指令完成了长达 45min 的行动，极大地提升了我国深海装备智能化水平，同时也大幅降低了深海作业的成本。

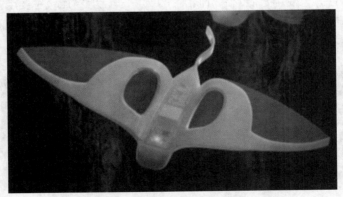

图 7-14　仿生软体智能机器鱼

当然，除了海洋探测和科考以外，水下机器人还被广泛应用于更多场景，如潜水运动、水下摄影、影视娱乐、水产养殖、管道清理、水下救援等。水下机器人可以代替人工，提高工作效率，所以各大企业纷纷入手，截至 2020 年，水下机器人的市场规模已经达到百亿元。

7.3.2　服务领域

国际机器人联合会给了服务机器人一个初步的定义：服务机器人是一种半自主或全自主工作的机器人，它能完成有益于人类健康的服务工作。

服务机器人的应用范围很广，主要从事迎宾导览、信息咨询、早教学习、家务协助、监护、维护保养、清洗、救援等工作。

1. 迎宾咨询服务机器人

在许多场合都需要人提供迎宾、咨询、接待等服务，所以迎宾咨询服务机器人的应用非常广，例如大型购物中心会配备这种机器人来解决客户导购问题，大型医院会配备其来解决导诊问题，酒店用其来解决开房登记问题等。此类机器人装备先进的计算机语音处理系统，内含自然语音库和行业专业语音库，可以毫无障碍地与来宾进行交流和沟通，多为固定式或可低速移动，且带大触摸屏。图 7-15 所示的迎宾咨询服务机器人采用了拟人化设计。

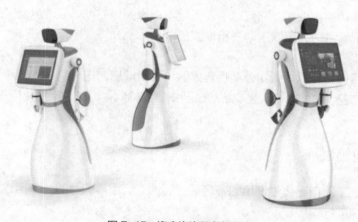

图 7-15　迎宾咨询服务机器人

2. 家用服务机器人

家用服务机器人种类繁多，主要分室内机器人和户外机器人两大类。其中室内机器人有扫地机器人、拖地机器人、熨烫机器人、厨房机器人、陪护机器人、早教学习机器人和机器宠物等；户外机器人有割草机器人、洗窗机器人等。

图 7-16 所示为扫地机器人，其主要作用是清扫地面的尘土和垃圾，又称自动打扫机、智能吸尘器、机器人吸尘器等。扫地机器人一般使用蓄电池作为动力，采用刷扫和真空吸尘方式，将垃圾吸纳进自身的垃圾收纳盒，它拥有先进的定位和导航系统，可以构建清洁地图，自动进行全屋清扫，也可以实现预约打扫，工作时可以有效地避开障碍物并自动转弯。当它电量不足时，会自动返回充电座进行充电。现在的扫地机器人大多集成了拖地功能，也就是扫拖一体机器人，也叫拖地机器人。

而另一个使用非常广泛的产品是早教学习机器人，它能为孩童提供益智性较高的早教内容和互动游戏，还能引导孩子培养良好习惯，可以帮助家长给孩子辅导功课，特别在英语学习上有较好的辅助效果，其主要定位于 3 岁以上孩童。随着智能语音识别技术的成熟，早教学习机器人迎来爆发式增长，市面上的产品种类繁多，质量良莠不齐，主要技术功能以软件层面为主，相比平板学习机缺少竞争优势。

图 7-16　拖地机器人

陪护机器人能够陪伴家里的老人和小孩。它既能听懂人的语言，还可以与人进行交流，实现互动娱乐、健康监测等功能。例如，它可以通过人脸识别家人，还可以通过声音辨别对象。当发现家里的老人、孩子情况异常时，可以主动发出提醒信号。

3. 送餐机器人

送餐机器人分店内送餐机器人和外卖机器人两种。目前店内送餐机器人应用较多，外卖机器人则是一个新兴应用产品，它能自己乘坐电梯，送到指定的门牌号，现阶段主要用于酒店的外卖派送，应用范围有待扩展。

7.3.3　工业领域

工业机器人是在工业自动化中使用的、自动控制的、可重复编程的、多用途的机器人。它可对3个或3个以上的轴进行编程。

传统的工业机器人只能按照人们给定的指令完成相应的操作，不能模仿人类进行自主思考和学习，没有智能化的特点。目前，机器人系统正向智能化的方向不断发展，可以模仿人类进行判断，从视觉、听觉、触觉等方面感知控制对象，再经过自主学习，可以更好地完成任务。在工业机器人方面，其机械结构更加趋于标准化、模块化，功能越来越强大，并已经从汽车制造、电子制造和食品包装等传统的应用领域转向新兴应用领域，如新能源电池、高端装备和环保设备等。通过网络可以把不同的机器和人群连接起来，形成智慧型工业机器人，这种机器人在工业制造领域得到了越来越广泛的应用。

目前，工业机器人主要包括装配机器人、焊接机器人、物流仓储机器人等。

1. 装配机器人

从第一台工业机器人"Unimate"诞生以来，工业机器人就率先用在了汽车的装配上。装配机器人主要为多轴机械臂，它具有精度高、柔顺性好、工作范围小、能与其他工业机器人协作使用等特点，主要应用于电器、汽车制造业等领域。装配机器人运动轨迹复杂且运动量大，一般采用多CPU 或多级计算机系统实现运动控制和运动编程。为了更好地适应装配对象，机器人的末端通常设计成装配工具的形状等。图 7-17 所示为特斯拉汽车装配过程中众多装配机器人参与的场景。

图 7-17　特斯拉汽车装配过程

2. 焊接机器人

焊接机器人可以全自动完成焊接、切割、喷涂等工作。焊接机器人可以分为点焊机器人和弧焊机器人。焊接机器人大多数是 6 轴的，并采用电气驱动的方式，具有耗能低、维修简单、速度快、精度高等优点。工作时，点焊机器人按照操作者的规定进行作业，可以实现无人值守，在提高工作效率的同时可以避免各种人身危险。

3. 物流仓储机器人

物流仓储机器人有分拣机器人、搬运机器人、配送机器人等。它是可以进行自动化搬运、配送作业的工业机器人。物流仓储机器人涉及人工智能、计算机视觉、力学、机械学、电气液压气压技术、自动控制技术、传感器技术等。

分拣机器人具有小巧、灵活、快速的特点，且有定位导航能力，主要用在大型快递中转枢纽（如京东物流、天猫超市等）以代替早期的人工进行快递分拣工作。

搬运作业是指将物品从一个工位移到另一个工位上。搬运机器人可安装不同的末端执行器来完成各种形状和状态的工件的搬运工作。搬运机器人被广泛应用于机床上下料、冲压机自动化生产线、自动装配流水线、码垛搬运、集装箱等场合的自动搬运上，大大减轻了人类繁重的体力劳动。

各大快递公司在一些城市和高校投入使用的无人派送快递车就是一种配送机器人。菜鸟驿站的"小蛮驴"已经在某大学宿舍区进行试行，学生只需在菜鸟 App 上选择适宜时间段，填写宿舍楼号即可预约送货。无人派送快递车出发时，收件人会收到机器自动发出的含取件码和预计到达时间的短信，到达前 4min 会通过电话或短信再次通知。未来这种无人派送快递车将会出现在更多城市的更多场景中。图 7-18 所示为各种物流仓储机器人的应用场景。

图 7-18　各种物流仓储机器人

7.3.4 农业领域

农业机器人是能感知并适应各种作物种类或环境变化，通常通过视觉感知检测农作物并配有专家系统等人工智能系统的新一代智能化自动操作农业机械。

农业机械化是农业现代化的重要标志。因此，许多国家致力于农业机器人的研制，它集成了人工智能、通信、图像识别等技术，配备多种传感器。进入 21 世纪以后，新型多功能农业机器人得到日益广泛的应用，它改变了传统的农业劳动方式，促进了现代农业的发展。

相比于工业生产，因为农业自然环境多变，农作物品种多样，所以农业机器人的工作环境更加复杂，目前市面上已有多种类型的农业机器人。

农业机器人在现代农业中有广泛的应用，例如施肥机器人、打药机器人（无人机）、除草机器人、采摘机器人（见图 7-19）、分拣果实机器人等。

图 7-19　采摘机器人

农业机器人具有以下特点。

（1）作业季节性较强。这使得农业机器人的针对性较强、功能单一。由于季节性导致农业机器人的利用率低，增加了使用成本。

（2）作业环境复杂多变。农业机器人的工作环境难以预知，因此需要较强的环境感知能力。

（3）作业对象的娇嫩性和其形状大小的复杂性。作业对象的娇嫩性要求农业机器人的执行末端在接触作物时需要柔性处理。而作业对象形状大小的复杂性要求农业机器人对农作物的特征分辨要精准，以实现不同动作和力度。

（4）价格高。由于农业机器人研发投入较大，制造成本高，导致价格昂贵，一般农业生产参与者承受不起。

7.3.5 医用领域

1. 护士助手机器人

TRC 公司于 1985 年研制了护士助手机器人"护士助手"，该机器人 1990 年开始出售，目前已在世界各国多家医院投入使用。"护士助手"是自主型机器人，随时可以运送医疗器材和设备，为患者服务。该机器人可慢速移动。机器人中装有医院的建筑物地图，在确定目的地后，机器人利用航线算法自主地沿走廊等导航，这种机器人有较大的荧光屏及用户友好的音响装置，用户使用起来方便、迅捷。

2. 医用机器人

医用机器人种类有很多，按照其用途，可分为临床医疗用机器人、医用教学机器人和为残疾人服务的机器人等。临床医疗用机器人可以进行精准的外科手术或诊断，其包括外科手术机器人和诊断与治疗机器人。外科手术机器人可以以更精准、侵入性更小的方式进行手术，它由外科医生在另一端通过遥控操作。

麻省理工学院研发的达·芬奇外科机器人手术平台用于外科手术，如图 7-20 所示。它由三部分组成：外科医生控制台、床旁机械臂系统和成像系统。它实际上是内窥镜手术器械控制系统，能够在医生操纵下，精确完成心脏瓣膜修复、癌变组织切除等各种手术。机器人与优秀的外科医生的不同之处在于，它的"手"不会颤抖，长时间手术不会疲劳，可以转出人的手腕、手指无法达到的角度，看得更清楚，用机器人做手术切口可以更小，伤口愈合更快。

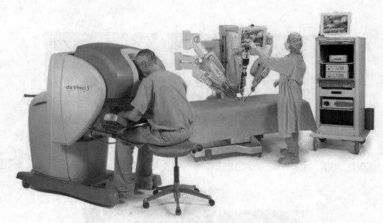

图 7-20　达·芬奇外科机器人手术平台

7.4　实验与实践

SenseStudy·AI 教学实验平台提供了 GPS 与智能导航实验。本小节将通过完成这个实验使读者体会智能机器人行走及汽车导航等相关原理及应用。

【实验】GPS 与智能导航

实验目标：在随机生成的地图中，导航系统如何判定最优路径。

具体实验步骤如下。

（1）打开并登录 SenseStudy·AI 实验平台，单击"教学平台实验列表"，选择并进入"GPS 与智能导航"实验界面。

（2）进入实验界面后，选择积木块选择区中的"变量"模块，单击模块中的"创建变量"按钮，创建名称为"gmap"的变量，平台将自动创建 3 个积木块。把"将 gmap 设为 0"积木块拖入编程区，如图 7-21 所示。

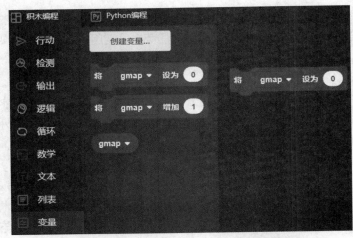

图 7-21 把"将 gmap 设为 0"积木块拖入编程区

（3）在积木块选择区中选择"检测"模块，将模块中的"生成随机地图"积木块拖入编程区，如图 7-22 所示。

图 7-22 将"生成随机地图"积木块拖入编程区

（4）将"生成随机地图"积木块嵌入到"将 gmap 设为 0"积木块中"0"的位置，如图 7-23 所示。

图 7-23 嵌入"生成随机地图"积木块

（5）在积木块选择区中选择"行动"模块中的"展示地图___"积木块和"变量"模块中的"gmap"积木块放入编程区，如图 7-24 所示。

图 7-24 "展示地图___"积木块和"gmap"积木块

（6）将"gmap"积木块嵌入"展示地图___"积木块，如图 7-25 所示。

图 7-25 "gmap"积木块嵌入"展示地图___"积木块

（7）创建变量"res"，将"将 res 设为 0"积木块、"gmap"积木块和"检测"模块中的"获取地图最短路径___"积木块拖入编程区，如图 7-26 所示。

图 7-26　将"将 res 设为 0"积木块、"gmap"积木块和"获取地图最短路径___"积木块拖入编程区

（8）将"gmap"积木块嵌入"获取地图最短路径___"积木块，再将"获取地图最短路径 gamp"积木块嵌入"将 res 设为 0"积木块中"0"的位置，如图 7-27 所示。

图 7-27　"将 res 设为获取地图最短路径 gmap"积木块

（9）创建变量"lj"，将"将 lj 设为 0"积木块、"res"积木块和"列表"模块中的"列表___第 0 项的值"积木块拖入编程区，如图 7-28 所示。

图 7-28　将"将 lj 设为 0"积木块、"res"积木块和"列表___第 0 项的值"积木块拖入编程区

（10）将"res"积木块嵌入"列表___第 0 项的值"积木块，再将"列表 res 第 0 项的值"积木块嵌入"将 lj 设为 0"积木块中"0"的位置，如图 7-29 所示。

图 7-29　丰富"将 lj 设为 0"积木块

（11）创建变量"time"，将"将 time 设为 0"积木块、"res"积木块和"列表"模块中的"列表___第 0 项的值"积木块拖入编程区，如图 7-30 所示。

图 7-30　将"将 time 设为 0"积木块、"res"积木块和"列表___第 0 项的值"积木块拖入编程区

（12）将"res"积木块嵌入"列表___第 0 项的值"积木块，并将"0"值修改成"1"，再将"列表 res 第 1 项的值"积木块嵌入"将 time 设为 0"积木块中"0"的位置，如图 7-31 所示。

图 7-31　"将 time 设为列表 res 第 1 项的值"积木块

（13）将"输出"模块中的"打印'label'__"积木块和"变量"模块中的"lj"积木块拖入编程区，如图 7-32 所示。

图 7-32　"打印'label'__"积木块和"lj"积木块

（14）修改"打印'label'__"积木块中的"label"值为"最快的路径是："，再将"lj"积木块嵌入"打印'label'__"积木块，如图 7-33 所示。

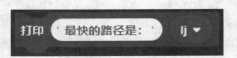

图 7-33　"打印'最快的路径是：'lj"积木块

（15）重复步骤（13）和步骤（14），组合得到"打印'花费时间（分钟）为：'"积木块，如图 7-34 所示。

图 7-34　"打印'花费时间（分钟）为：'"积木块

（16）把系列积木块进行组合堆叠，形成完整的积木块组合，如图 7-35 所示。

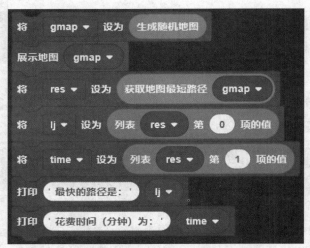

图 7-35　完整的积木块组合

（17）单击"运行"按钮，即可在右侧"结果展示"界面看到随机地图的可视化和最优路径及所花费时间的输出结果，最节约时间的路径是 1 号~3 号~5 号~8 号，花费的时间约为 28 分钟，如图 7-36 所示。

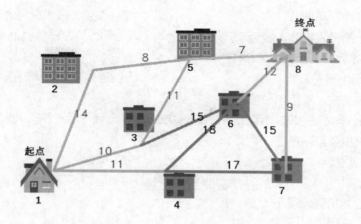

最快的路径是：[1, 3, 5, 8]

花费时间（分钟）为：28.0

图 7-36　随机地图的可视化和最优路径及所花费时间的输出结果

本章小结

　　现如今，智能机器人已不再是科幻电影中才有的了，人们的工作和生活中无载体的智能机器人已经随处可见，而有载体的智能机器人也将很快出现在人们的周围，为人们的工作和生活提供前所未有的服务和便利。而随着人工智能的发展，更高智能的机器人会参与到工作中，将人类从高重复、高风险和无法胜任的工作中"解放"出来。这自然也衍生出很多新的工种和岗位，给人们的就业带来了机遇和挑战。

　　本章从机器人的起源到机器人的发展历程和一些有代表性的阶段性研究成果的介绍开始，随后介绍了智能机器人的感知、交互等关键技术，通过对智能机器人的应用领域的详细介绍来引导读者深入了解当下智能机器人的发展情况，并展望了智能机器人未来的发展前景，分析了发展过程中可能会面临的问题。

课后习题

一、选择题

1. "机器人学三定律"是（　　　）提出的。
　　A. 达·芬奇　　　　　　　　　　　　B. 约瑟夫·英格伯格
　　C. 托莫维奇　　　　　　　　　　　　D. 艾萨克·阿西莫夫

2. 当代机器人大军中最主要的机器人是（　　　）。
　　A. 工业机器人　　　　　　　　　　　B. 军用机器人
　　C. 服务机器人　　　　　　　　　　　D. 医用机器人

3. 世界上第一台工业机器人是由（　　　）制造的。
　　A. 恩格尔伯格和迪沃尔　　　　　　　B. 卡雷尔·恰佩克

      C．特西比乌斯   D．杰克·戴·瓦克逊

    4．世界上第一家机器人制造工厂——Unimation 公司，将第一批机器人称为"Unimate"，因此（   ）被称为"机器人之父"。

      A．乔治·迪沃尔   B．恩格尔伯格·迪沃尔

      C．约瑟夫·恩格尔伯格   D．福特

    5．2005 年，美国波士顿动力公司首次公开其历经十余载所研制的四足机器人"大狗"（BigDog），其主要用途是（   ）。

      A．前线战斗   B．排雷

      C．侦察   D．运输

    6．当前智能机器人属于（   ）。

      A．第一代   B．第二代

      C．第三代   D．第四代

    7．扫地机器人属于（   ）。

      A．工业机器人   B．军用机器人

      C．服务机器人   D．医用机器人

    8．仿人型机器人"阿西莫"是（   ）开发的。

      A．谷歌   B．三星

      C．特斯拉   D．本田

    9．以下算法可用于路径规划的是（   ）？

      A．k 均值算法   B．回归算法

      C．迪杰斯特拉算法   D．分类算法

    10．以下属于触觉感知传感器的是（   ）？

      A.毫米波雷达   B．滑觉传感器

      C.陀螺仪   D．颜色传感器

二、填空题

1．"Robot"（机器人）这个词来源于科幻剧作_____。

2．机器人的发展经历了三次换代，分别是第一代_____、第二代_____、第三代_____。

3．智能机器人按智能程度分为_____、_____和_____三类。

4．机器人视觉系统主要采用_____来实现"看"的功能。

5．移动机器人定位总体上可以分为_____和_____。

三、简答题

1．什么是智能机器人？它与机器人和人工智能是什么关系？

2．智能机器人有哪些应用领域？

3．"机器人学三定律"是什么？

第8章
人工神经网络与深度学习

由于电子计算机运算能力的限制，利用人工神经网络来拟合数据、分析数据以及对结果进行预测很难实现。近年来随着计算机的更新换代与大数据时代的到来，深度学习逐渐在很多方面有了广泛的运用。

本章要点

- 人工神经网络与深度学习概述
- 前馈神经网络
- 卷积神经网络
- 欠拟合和过拟合
- 深度学习的应用

8.1 人工神经网络与深度学习概述

8.1.1 人工神经网络概述

人工神经网络，简称神经网络（Neural Network，NN）或类神经网络，是一种模仿生物神经网络（动物的中枢神经系统，特别是大脑）的结构和功能的数学模型或计算模型。

人脑信号流程如图8-1所示。人的视觉系统的信息处理是分级的。高层的特征是低层特征的组合，从低层到高层的特征表示越来越抽象、越来越能表现语义或者意图。而抽象层面越高，存在的可能猜测就越少，就越利于分类。例如，单词集合和句子的对应是多对一的，句子和语义的对应也是多对一的，语义和意图的对应还是多对一的，这是一个层级体系。

人工神经网络是受到人脑神经网络单元（神经元）工作方式启发而设计的一种计算模型，借鉴了人脑神经元的一些基本特性和结构。

（1）神经元。人工神经网络中的神经元是由多个输入和一个输出组成的，它们与人脑中的神经元相似。人脑中的神经元通过突触与其他神经元连接，接收来自其他神经元的信号并生成输出信号。同样，人工神经元也接收来自其他神经元的输入信号，并通过激活函数产生输出信号。

（2）突触权重。人工神经网络中的神经元之间的连接权重类似于人脑中的突触权重。突触权重表示神经元之间的连接强度，它决定了输入信号对神经元输出的影响程度。在神经网络训练过程中，突触权重会不断调整，以使得网络能够更好地适应输入输出之间的映射关系。

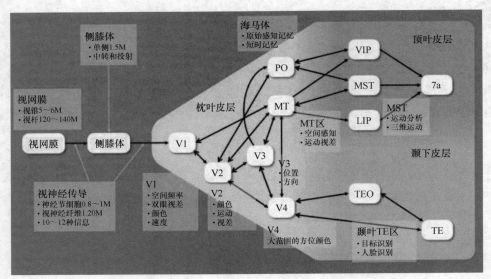

图 8-1　人脑信号流程

（3）层次结构。人工神经网络通常由多个层次组成，每个层次包含多个神经元。这种结构类似于人脑中的神经元分布在多个不同的层次上，不同层次的神经元具有不同的功能和响应特性。

人脑神经元和计算机神经网络单元分别如图 8-2、图 8-3 所示。

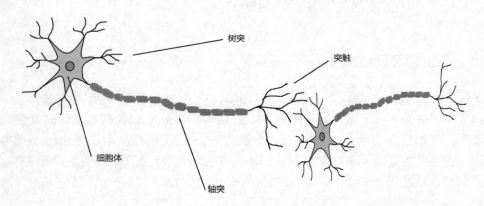

图 8-2　人脑神经网络单元示意

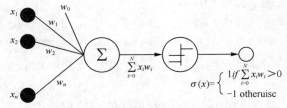

图 8-3　计算机神经网络单元示意

　　大多数情况下人工神经网络能在外界信息的基础上改变内部结构，是一种自适应系统，通俗地讲就是具备学习功能。现代神经网络是一种非线性、统计性数据建模工具，神经网络通常通过一个基于数学统计学类型的学习方法（Learning Method）进行不断优化而得到的，所以神经网络也属于数学统计学方法的一种实际应用。一方面通过统计学中的标准数学方法人们能够得到大量的、可以用函数来表达的局部结构或空间，另一方面在人工智能中的感知领域，数学统计学的应用可以用于解决人工感知方面的决策问题（通过统计学的方法，人工神经网络能够像人一样具有简单的决定能力和判断能力），这种方法比起正式的逻辑学推理演算在人力成本投入上更具有优势。和其他机器学习方法一样，神经网络已经被用于解决各种各样的问题，例如机器视觉和语音识别。这些问题都是很难被传统的基于规则的编程所解决的。神经网络性能/表现如图 8-4 所示。

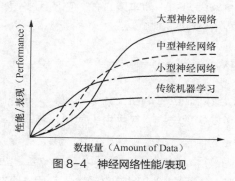

图 8-4　神经网络性能/表现

8.1.2　深度学习概述

1. 深度学习的兴起

　　深度学习是机器学习的分支，是一种以人工神经网络为架构，对数据进行表征学习的算法。观测值（如一幅图像）可以使用多种方式来表示，如每个像素强度值的向量，或者更抽象地表示成一系列边、特定形状的区域等。而使用某些特定的表示方法更容易从实例中学习特征（例如人脸识别或面部表情识别）。深度学习的好处是用无监督或半监督的特征学习和分层特征提取等高效的算法来替代手动获取特征，更大程度摆脱对人力的依赖，可以理解为更加自主，即更加智能。

　　至今已有数种深度学习框架（如深度神经网络、卷积神经网络和深度信念网和循环神经网络）已被应用在计算机视觉、语音识别、自然语言处理、音频识别与生物信息学等领域并获取了极好的效果。

　　深度学习的历史可以追溯到上世纪 80 年代，当时神经网络是一种很流行的模型，但由于训练过程中的困难性和计算资源的限制，神经网络并没有取得很好的效果。

　　直到 2012 年，杰弗里·辛顿等人使用了深度学习算法在 ImageNet 图像识别竞赛中取得了巨大的成功，使得深度学习重新受到关注并得到了广泛应用。这次突破主要得益于 3 个方面的进展：

　　（1）算力的提升：随着计算机硬件的不断发展，特别是 GPU 的广泛应用，计算能力得到了极大的提升，为训练大规模深度神经网络提供了条件。

　　（2）数据的积累：随着互联网和数字技术的普及，大量的数据被积累并成为公开数据集，这些数据为深度学习提供了大量的训练样本。

（3）算法的改进：深度学习算法在神经网络结构、损失函数、优化方法等方面得到了大量改进和优化，使得模型能够更快更好地收敛。

2. 深度学习与机器学习的关系

深度学习是机器学习中的一个分支，它的主要目标是建立多层神经网络来学习输入和输出之间的映射关系。深度学习的主要优势是可以自动地从大量数据中提取特征，这些特征可以用于解决各种机器学习问题，例如分类、回归、聚类、图像识别等。

机器学习则是一种让计算机从数据中学习的方法，它旨在建立一种模型来描述输入数据与输出结果之间的关系。机器学习的主要任务是通过使用算法来发现数据的模式和结构，从而可以用这些模式和结构来进行预测和决策。

因此，可以说深度学习是机器学习的一种实现方式，它使用多层神经网络来实现自动特征提取和模式识别，从而可以解决各种机器学习问题。

8.1.3 前馈神经网络

前馈神经网络（Feedforward Neural Network，FNN），简称前馈网络，是人工神经网络的一种。前馈神经网络采用一种单向多层结构，其中每一层包含若干个神经元。在这种神经网络中，各神经元可以接收前一层神经元的信号，并产生输出到下一层。第 0 层叫输入层，最后一层叫输出层，其他中间层叫作隐层（或隐藏层、隐含层）。隐层可以是一层，也可以是多层。

整个网络中无反馈，信号从输入层向输出层单向传播，可用一个有向无环图表示。

一个典型的多层前馈神经网络如图 8-5 所示。在这个神经网络模型中有 4 层网络。其中每个小圆圈代表一个感知机模型。

（1）第一层称为输入层，因为它直接跟输入数据相连。

（2）第二层和第三层称为隐层。

（3）第四层称为输出层。

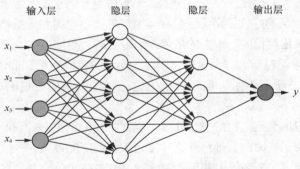

图 8-5　典型的多层前馈神经网络

第一层神经网络的各个神经元接收输入信号，然后通过自身的神经体加权求和以后，输出给下一层神经元。第二层神经网络的神经元的输入来自前一层神经网络的输出，以此类推。最后经过中间神经网络的计算以后，将结果输出到输出层。图 8-5 所示的多层前馈神经网络的输出层只输出一个结果，在实际应用中也可以输出多个结果。

8.1.4　卷积神经网络

如果要入门深度学习，在掌握了神经网络基础之后，可以先学习深度学习两个最基本的模型：卷积神经网络和递归神经网络。前者主要用于计算机视觉，后者主要用于自然语言处理。这两种模型早在 20 世纪就被提出，它们分别在两个不同的领域取得了重大进展。然后需要学习一下深度学习模型的训练方法，即随机梯度下降法（Stochastic Gradient Descent，SGD）及其相关变体，值得注意的是 SGD 需要计算梯度，还会涉及经典的 BP 算法，以及一些自动求导的方法。最后还要学习深度学习的框架，如经典的 TensorFlow 框架等。作为一个迅猛发展的领域的学习者，最重要的是要跟进一些最新的文献及研究成果，多学习一些新的模型及架构。下面介绍 CV 中使用最多的卷积神经网络模型。

CNN 模型应该算是生物启发式模型，大卫·休伯尔（David Hubel）和托斯坦·N.威泽尔（Torsten N. Wiesel）在研究猫脑皮层时发现其视觉皮层中存在局部感受域，继而提出了 CNN。对于传统的神经网络模型，如果为其加上深度（即增加更多的层），就称为深度神经网络模型。一个 3 层的 DNN 模型如图 8-6 所示。

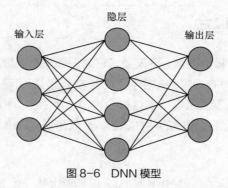

图 8-6　DNN 模型

从图 8-6 中可以看到，层与层之间的神经元是两两连接的，即前面层与后面层的任何两个神经元都是相互连接的，一般称这样的层为全连接层（Fully Connected Layer）。这样整个网络非常稠密，需要的参数相对较多。由于是全连接，每个层之间的神经元应该是没有位置区别的，前面层的神经元总是与后面层的所有神经元相连。但是，图像的输入是一个二维矩阵，对于彩色图像来说加上通道数应该是三维张量，可以将其看成 3 个矩阵。如果直接采用全连接层，肯定是不太合适的，因为需要将输入拉平成一个向量，这样会丧失空间信息。而 CNN 就是专门来解决矩阵输入的问题的。图 8-7 所示为一个小型的 CNN 模型。

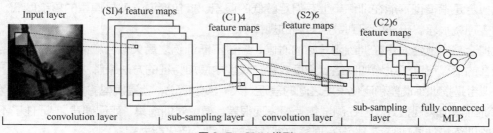

图 8-7　CNN 模型

从图 8-7 中可以看到，输入是一个矩阵灰度图片，其网络层包含卷积层、下采样层（Sub-Sampling Layer）以及全连接层。首先介绍卷积层，在这之前，先介绍一些概念，在 CNN 中一般称一个矩阵为一个特征图（Feature Map），例如 S1 层含有 4 个特征图，而 S2 层则含有 6 个特征图。可以看到相比全连接层，其不再是输入层每个神经元都与后面层的每个神经元相连，而是输入层的一小块局部区域与后面的神经元相连。例如 C1 层的 4 个特征图的中间的小块矩阵与 S2 层中的第一个特征图的某个神经元相连，而且对于输出层的一个特征图来说，所有的权重值是共享的。

一般卷积层之后是下采样层，也称为池化层（Pooling Layer）。池化层不需要参数，一般是为了降低卷积之后得到的特征图的大小。从图 8-7 中可以看到，S2 层中的第一个特征图的一小块矩阵被压缩到 C2 层第一个特征图的一个神经元，压缩的方式可以采用平均值或者最大值，一般采用后者。池化操作不像卷积操作，池化不再是特征图的组合，而是输入层的一个特征图对应输出层的一个特征图。这就是经典的 CNN 模型的基本单元："卷积+池化"。通过这样的单元的堆积可以形成深度 CNN 模型，最后加上全连接层即可。目前 CNN 有时候不使用池化层，而是用更多的卷积层来代替，而且有些网络是全卷积操作，全连接层已经被替换。

8.2 欠拟合和过拟合

对于深度学习或机器学习模型而言，不仅要求它对训练集有很好的拟合（训练误差），而且希望它可以对未知数据集（测试集）有很好的拟合（泛化能力），模型所产生的测试误差被称为泛化误差。泛化能力的好坏，最直观的表现就是模型的过拟合（Overfitting）和欠拟合（Underfitting）。过拟合和欠拟合用于描述模型在训练过程中的两种状态。一般来说，训练过程会是图 8-8 所示的一个曲线图。

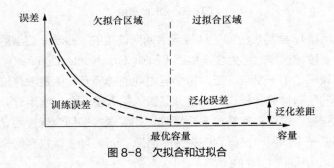

图 8-8 欠拟合和过拟合

欠拟合是指模型不能在训练集上获得足够低的误差。换句换说，就是模型的复杂度低，在训练集上的表现就很差，无法学习到数据背后的规律。

欠拟合基本上会发生在训练刚开始的时候，经过不断训练之后欠拟合应该不存在了。但是如果还是存在的话，可以通过增加网络复杂度或者在模型中增加特征的方法来解决。

过拟合是指训练误差和泛化误差之间的差距太大。换句话说，就是模型的复杂度高于实际问题，模型在训练集上表现很好，但在测试集上却表现很差。模型对训练集"死记硬背"（记住了不适用于测试集的训练集性质或特点），没有理解数据背后的规律，泛化能力差。

造成过拟合的原因主要有以下几种。

（1）训练集样本单一，样本不足。如果训练样本只有负样本，然后用生成的模型去预测正样本，肯定预测不准。所以训练样本要尽可能全面，覆盖所有的数据类型。

（2）训练集中噪声干扰过大。噪声指训练集中的干扰数据。过多的干扰会导致记录很多的噪声特征，忽略真实输入和输出之间的关系。

（3）模型过于复杂。模型太复杂，已经能够"死记硬背"训练集的信息，但是遇到没有见过的数据的时候，不能够变通，泛化能力太差。人们希望模型对不同的数据都有稳定的输出。模型太复杂是过拟合的重要因素。

要想解决过拟合问题，就要显著减少泛化误差且不过度增加训练误差，从而提高模型的泛化能力。提高模型泛化能力可以使用正则化（Regularization）方法。那么什么是正则化呢？正则化是指修改学习算法，使其降低泛化误差而非训练误差。

常用的正则化方法根据具体的使用策略不同可分为：①直接提供正则化约束的参数正则化方法，如 L1/L2 正则化；②通过工程上的技巧来实现更低泛化误差的方法，如提前终止（Early Stopping）和 Dropout；③不直接提供约束的隐式正则化方法，如数据增强等。

图 8-9 所示为在回归问题中体现过拟合和欠拟合的情景。

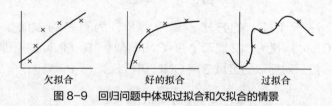

图 8-9　回归问题中体现过拟合和欠拟合的情景

图 8-10 所示为在分类问题中体现过拟合和欠拟合的情景。

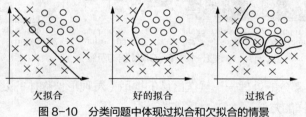

图 8-10　分类问题中体现过拟合和欠拟合的情景

8.3　深度学习的应用

深度学习的应用非常广泛，常见的有物体检测、图像风格变换、语音识别、环境识别等，下面就各应用做简单的介绍。

8.3.1　物体检测

物体检测是指从图像中确定物体的位置，并进行分类。物体检测需要从图像中确定物体的种类和物体的位置，如图 8-11 所示。

不难发现，物体检测比物体识别（以整幅图像为对象进行识别）更难，因为物体检测需要对图像中的每种类别进行识别并判断其位置。

图 8-11　物体检测

人们提出了多个基于 CNN 的方法，其中一个较为有名的方法是区域卷积神经网络（Region-CNN，R-CNN），图 8-12 显示了 R-CNN 结构。R-CNN 的原理是：首先以某种方法找出形似物体的区域，然后对提取的区域应用 CNN 进行分类。

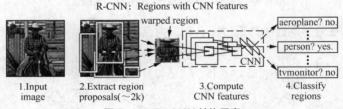

图 8-12　R-CNN 结构示意

在 R-CNN 的前半部分的处理——候选区域的提取（发现形似物体的处理）中，可以使用机器视觉领域积累的各种各样的方法。

8.3.2　图像风格变换

图像风格变换指的是将任一图像的风格转换为指定图像风格。如图 8-13 所示，输入两幅图像后，会生成一幅新的图像。两幅输入图像中，一幅称为"内容图像"，另一幅称为"风格图像"。

如果指定将梵高（Van Gogh）的绘画风格应用于内容图像，深度学习模型就会按照指示绘制出新的画作。此项研究出自论文"A Neural Algorithm of Artistic Style"，该论文一经发表就受到全世界的广泛关注。

为了从风格图像中吸收风格，深度学习模型中导入了风格矩阵的概念。通过在学习过程中减小风格矩阵的偏差，就可以使输入图像接近目标风格。

图 8-13　图像风格变换

8.3.3　语音识别

语音识别同样是深度学习应用的一个热门领域。

（1）声学建模。在语音识别中，声学建模是一个非常重要的步骤，它的目的是将声音信号转换为文本。深度学习模型，例如卷积神经网络和循环神经网络，被广泛用于声学建模，以提高识别准确率。

（2）语言建模。语言建模是指通过对语言序列进行建模，来预测下一个词或者句子的生成概率。深度学习模型，如循环神经网络和变换器（Transformer），也被广泛用于语言建模。

（3）端到端语音识别。端到端语音识别是指直接从声音信号到文本的转换，省去了声学模型和语言模型之间的中间步骤。深度学习模型，如卷积神经网络和循环神经网络，已经被应用于端到端语音识别，并在一定程度上取得了较好的效果。

（4）语音增强。深度学习可以用于语音增强，通过对环境噪声进行建模和预测，提高语音识别的准确率。

（5）语音生成。深度学习模型可以被用于语音生成，通过模拟人类说话的方式来生成合成语音。

8.3.4　环境识别

自动驾驶中，正确识别周围环境的技术尤为重要，这是因为要正确识别时刻变化的环境、自由来往的车辆和行人是非常困难的。

在识别周围环境的技术中，深度学习的"力量"备受期待。例如，基于 CNN 的神经网络 SegNet，可以高精度地识别行驶环境。基于深度学习的图像分割的例子如图 8-14 所示。

图 8-14 中对输入图像进行了分割（像素水平的判别）。观察结果可知，在某种程度上正确地识别了道路、建筑物、人行道、树木、车辆等。可见，今后若能基于深度学习使这种技术进一步实现高精度化、高速化的话，那么自动驾驶的实用化可能也就没那么遥远了。

Sky　Building　Pole　Road　Road　Pavement　Tree　Sign　Fence　Vehicle　Pedestrian　Bike

图 8-14　基于深度学习的图像分割的例子

8.4　实验与实践

本小节将通过 SenseStudy·AI 实验平台来介绍人工神经网络与深度学习，通过看图说话、图像风格生成实验，了解深度学习的基本原理。

【实验 1】看图说话

实验目标：给计算机一些图片，让计算机通过学习可以描述出图片的内容。

图像描述生成（Image Caption）是一个融合计算机视觉、自然语言处理和机器学习的综合问题，它的任务是将图片以文字的形式表述出来。该任务对于人类来说非常容易，但是对于机器却非常具有挑战性，它不仅需要使用模型去理解图片的内容并且还需要用自然语言去表达它们之间的关系。

使用"行动"模块中的"描述图片"path""积木块或"描述图片"url""积木块，可以自动生成给定图片的描述语句。给定图片的方法可以是通过平台加载图片，也可以是通过图片上传，然后使用路径将上传的图片加载进来，进而生成描述。其中，"描述图片"path""积木块描述从平台加载的图像信息；"描述图片"url""积木块描述通过路径加载的图像信息，如图 8-15 示。

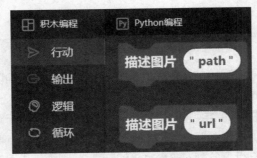

图 8-15　描述图片积木块

具体实验步骤如下。

（1）打开并登录 SenseStudy·AI 实验平台，单击"教学平台实验列表"，选择并进入"看图说话"实验界面。

（2）进入实验界面后，在积木块选择区中选择"变量"模块，单击模块中的"创建变量"按钮，创建名称为"path"的积木块，并将实验平台的图片（本实验以图片名称"giraffe.jpeg"为例）存储到变量"path"中，如图 8-1 所示。

（3）生成图片描述。使用图 8-16 所示的"描述图片 path"积木块，生成存储在变量"path"中图像的描述语句。

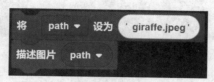

图 8-16　"描述图片 path"积木块

（4）创建变量"url"积木块，将其存储为上传图片的路径，具体的路径可在平台复制。使用"描述图片 url"积木块，生成存储在变量"url"中图像的描述语句，如图 8-17 所示。

图 8-17　"描述图片 url"积木块

"描述图片 path"和"描述图片 url"积木块均可以实现将图像转换为文本表达出来的功能，请读者自行实验。

【实验 2】图像的风格转换

实验目标：给计算机一些特定的风格图像，让计算机深度学习，其可以对所有的图片进行风格的生成。

具体实验步骤如下。

（1）打开并登录 SenseStudy·AI 实验平台，单击"教学平台实验列表"，选择并进入"图像的风格转换"实验界面。

（2）进入实验界面后，将"检测"模块中的"初始化风格化模型""通过模型＿＿将图片＿＿转化为风格＿＿"积木块拖入编程区，如图 8-18 所示。

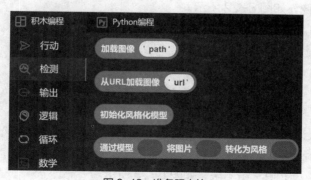

图 8-18　准备积木块

"初始化风格化模型"积木块作用是初始化训练完成图像风格的模型。

"通过模型___将图片___转化为风格___"积木块作用是通过图像风格模型将加载的图像转换为不同风格的图像。

（3）单击"列表"模块中的"建立列表'Hello' 'World'"积木块中的"-""+"按钮可以进行增减文本框操作，如图 8-19 所示。每个文本框中填写的内容是对应问题回答的答案。

图 8-19　添加文本框

（4）"循环"模块中的"取列表……执行"积木块如图 8-20 所示，该积木块可以实现从列表中取出存储的图像。

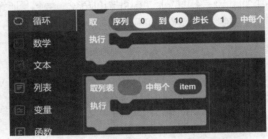

图 8-20　"取列表……执行"积木块

（5）加载并显示一张图片，如图 8-21 所示。

图 8-21　加载并显示图片

（6）创建变量"img"，并在该积木块中嵌入"加载图像"zurich.jpg""积木块，使用"显示图像 img"积木块可视化图像，如图 8-22 所示。

图 8-22　加载并显示图像

（7）创建变量"handle"积木块，并组合为"将 handle 设为初始化风格化模型"积木块。

（8）创建变量"styles"积木块，并组合为"建立列表'Wave' 'Mondrian' 'Composition' 'Mononoke' 'Sketch' 'Udnie'"积木块，如图 8-23 所示。

图 8-23　创建风格列表

（9）按图 8-24 所示创建并组合风格转化并显示结果图像的积木块。

图 8-24　风格转化并显示结果图像

（10）实验效果展示。实验生成了 6 种风格的图像，如图 8-25 所示。

图 8-25　实验效果展示

本章小结

本章着重介绍了人工神经网络和深度学习的相关内容，在概念介绍的基础上，加入了常见的关联知识，如过拟合、欠拟合等，并大量举例说明了深度学习在不同领域的应用。

课后习题

一、选择题

1. 下列对深度学习与人工智能的关系描述正确的是（　　　）。

    A. 深度学习是人工智能机器学习分支的一个子分支

    B. 深度学习独立于人工智能是一个单独的学科

    C. 人工智能是深度学习的具体应用

    D. 人工智能应用都需要基于深度学习实现

2. 下列对深度学习描述错误的是（　　　）。

    A. 深度学习的发展离不开大数据技术的成熟

    B. 深度学习包含机器学习

    C. 深度学习在 2006 年才被提出

    D. 深度学习以神经网络为架构基础

3. 下列不属于深度学习之所以能够得到巨大进步的主要原因的是（　　　）。

    A. 大数据技术的发展　　　　　　　　B. 计算能力的提升

    C. 算法的创新　　　　　　　　　　　D. 5G 通信的发展

4. 下列不属于深度学习应用领域的是（　　　）。

    A. 物体检测　　　　　　　　　　　　B. 自动驾驶

    C. 海量数据存储　　　　　　　　　　D. 图像处理

5. 下列表示回归问题中过拟合的是（　　　）。

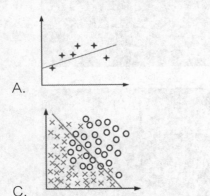

A.

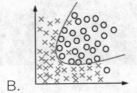

B.

C.

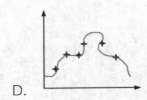

D.

6. 下列表示分类问题中欠拟合的是（　　　）。

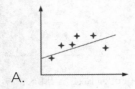

A.

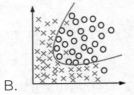

B.

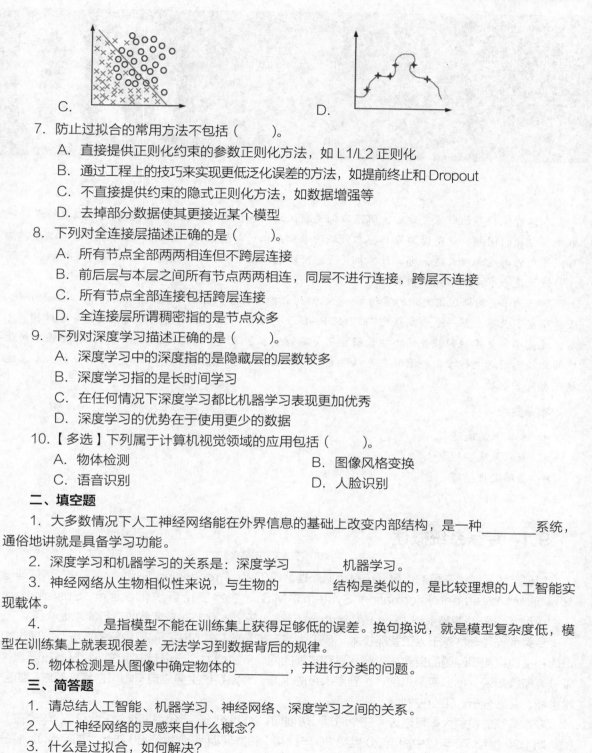

C.　　　　　　　　　　　　　D.

7. 防止过拟合的常用方法不包括（　　　）。

 A. 直接提供正则化约束的参数正则化方法，如 L1/L2 正则化

 B. 通过工程上的技巧来实现更低泛化误差的方法，如提前终止和 Dropout

 C. 不直接提供约束的隐式正则化方法，如数据增强等

 D. 去掉部分数据使其更接近某个模型

8. 下列对全连接层描述正确的是（　　　）。

 A. 所有节点全部两两相连但不跨层连接

 B. 前后层与本层之间所有节点两两相连，同层不进行连接，跨层不连接

 C. 所有节点全部连接包括跨层连接

 D. 全连接层所谓稠密指的是节点众多

9. 下列对深度学习描述正确的是（　　　）。

 A. 深度学习中的深度指的是隐藏层的层数较多

 B. 深度学习指的是长时间学习

 C. 在任何情况下深度学习都比机器学习表现更加优秀

 D. 深度学习的优势在于使用更少的数据

10. 【多选】下列属于计算机视觉领域的应用包括（　　　）。

 A. 物体检测　　　　　　　　　　B. 图像风格变换

 C. 语音识别　　　　　　　　　　D. 人脸识别

二、填空题

1. 大多数情况下人工神经网络能在外界信息的基础上改变内部结构，是一种_____系统，通俗地讲就是具备学习功能。

2. 深度学习和机器学习的关系是：深度学习_____机器学习。

3. 神经网络从生物相似性来说，与生物的_____结构是类似的，是比较理想的人工智能实现载体。

4. _____是指模型不能在训练集上获得足够低的误差。换句换说，就是模型复杂度低，模型在训练集上就表现很差，无法学习到数据背后的规律。

5. 物体检测是从图像中确定物体的_____，并进行分类的问题。

三、简答题

1. 请总结人工智能、机器学习、神经网络、深度学习之间的关系。

2. 人工神经网络的灵感来自什么概念？

3. 什么是过拟合，如何解决？

第9章
专家系统

09

人工智能初期的研究失败后，研究者们逐渐认识到知识的重要性。一个专家之所以能够很好地解决本领域的问题，就是因为他具有本领域的专业知识。如果能将专家的知识总结出来，以计算机可以使用的形式加以表达，那么计算机是否就可以利用这些知识，像专家一样解决特定领域的问题呢？这就是专家系统研究的初衷。

1965 年，美国斯坦福大学的爱德华·费根鲍姆教授和化学家乔舒亚·莱德伯格（Joshua Lederberg）合作研发了世界上第一个专家系统"DENDRAL"，用于帮助化学家判断某待定物质的分子结构。之后，爱德华·费根鲍姆领导的小组又研发了著名的专家系统"MYCIN"，该系统可以帮助医生对住院的血液感染者进行诊断和治疗。可以说 MYCIN 确定了专家系统的基本结构，为后来的专家系统研究奠定了基础。

本章要点

- 专家系统概述
- 专家系统实例
- 非确定性推理
- 专家系统的应用

9.1 专家系统概述

信息技术领域中常见的信息系统有数据处理系统(Data Processing System，DPS)、管理信息系统(Management Information System，MIS)、决策支持系统(Decision Sustainment System，DSS)、专家系统（Expert System，ES）等。本章节对专家系统进行简单地介绍。

专家系统是一种基于人工智能技术，模拟人类专家经验和知识进行问题求解的系统。它通过知识库和推理机实现问题的自动化求解，具有较强的问题解决能力。一个专家系统必须具备三要素：领域专家级知识、模拟专家思维、达到专家级的水准。专家系统主要应用于知识密集型领域，如医学诊断、金融分析、工业控制等。

专家系统的发展大概可以分为三个时期：初创期（20 世纪 60 年代中期至 20 世纪 70 年代初）、成熟期（20 世纪 70 年代中期至 20 世纪 80 年代初）和发展期（20 世纪 80 年代中期至今）。根据特定领域的不同，可以将专家系统分为诊断专家系统、解释专家系统、预测专家系统、设计专家系统、决策专家系统等类型。

（1）诊断专家系统。根据对症状的观察分析，推导出产生症状的原因以及排除故障方法的系统。

（2）解释专家系统。根据表层信息解释深层结构或内部结构的一类系统。

（3）预测专家系统。根据现状预测未来的一类系统。

（4）设计专家系统。根据给定的产品要求进行设计的一类系统。

（5）决策专家系统。对可行方案进行综合评判推优的一类系统。

9.1.1 专家系统的工作原理

不同于一般的计算机软件系统，专家系统以知识库和推理机为核心，可以处理非确定性的问题，不追求问题的最佳解，利用知识得到一个满意解是系统的求解目标。专家系统强调知识库与包括推理机在内的其他子系统的分离，一般来说知识库是与领域强相关的，而推理机等子系统则具有一定的通用性。专家系统的基本结构如图 9-1 所示。知识库用于存储求解问题所需要的领域知识和事实等。知识一般以如下形式的规则表示。

```
IF ＜前提＞   THEN   ＜结论＞
```

该规则表示当某个前提被满足时，可以得到的结论。

例如，"IF 阴天 and 湿度大 THEN 下雨"表示如果阴天且湿度大，则会下雨。

当然这是一个确定性规则，实际问题中的规则往往不是确定性的，而是具有一定的非确定性。关于用非确定性规则来表示问题，将在后面介绍。

规则的结论可以是类似上例中的"下雨"的结果，也可以是一个动作，如"IF 天黑 THEN 打开灯"，或者是其他类型，例如删除某个数据等。

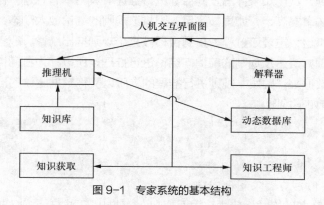

图 9-1 专家系统的基本结构

推理机是一个执行结构，它负责对知识库中的知识进行解释，利用知识进行推理。假设知识以规则的形式表示，那么推理机会根据某种策略对知识库中的规则进行检测，选择一个可以满足前提的规则，得到该规则的结论，并根据结论的不同类型执行不同的操作。

动态数据库是一个工作存储区，用于存放初始已知条件、已知事实、推理过程中得到的中间结果以及最终结果等。知识库中的知识、在推理过程中所用到的数据以及得到的结果均存放在动态数据库中。

人机交互界面是系统与用户的交互接口，系统在运行过程中需要用户通过该交互接口输入数据到系统中，系统则将需要输出给用户的信息通过该交互接口显示给用户。

9.1.2 专家系统中的解释器

解释器是专家系统特有的模块，也是与一般计算机软件系统的区别之一。在专家系统与用户交互的过程中，如果用户有希望专家系统解释的内容，专家系统会通过解释器对用户进行解释。解释一般分为"Why 解释"和"How 解释"两种。"Why 解释"回答"为什么"，"How 解释"回答"如何得到"。例如，在一个医疗专家系统中，系统给出患者验血的建议，如果患者想知道为什么让自己去验血，用户只要通过交互接口输入"Why"，系统就会根据推理结果给出让患者验血的原因，让用户明白验血的意义。假设专家系统最终诊断患者患有肺炎，且患者想了解专家系统是如何得出这个结果的，只要通过交互接口输入"How"，专家系统就会根据推理结果给用户解释是根据什么症状判断其患有肺炎的。这样可以让用户对专家系统的推理结果有所了解，而不是盲目信任。

9.2 专家系统实例

专家系统中的推理机是如何利用知识库进行推理的？这个答案会根据知识表示方法的不同而有所不同。在专家系统中，规则是最常用的知识表示方法，下面以规则为例进行说明。

9.2.1 推理工作

专家系统中的推理机运行时按照推理的方向可以将推理方法分为正向推理和逆向推理。正向推理就是正向地使用规则，从已知条件出发向目标进行推理。其基本思想是：检验是否有规则的前提被动态数据库中的已知事实满足，如果被满足，则将该规则的结论放入动态数据库中，再检查其他的规则是否有前提被满足；重复该过程，直到目标被某个规则推出结论，或者再也没有新结论被推出为止。由于这种推理方法是从规则的前提向结论进行推理，所以称为正向推理。由于正向推理是通过动态数据库中的数据来"触发"规则进行推理的，所以又称数据驱动的推理。

【例 9-1】假设有如下规则：

γ1 :	IF	A and B	THEN	C
γ2 :	IF	C and D	THEN	E
γ3 :	IF	E	THEN	F

并且已知 A、B、D 成立，求证 F 成立。

初始时，A、B、D 在动态数据库中；根据规则 γ1，推出 C 成立，将 C 加入动态数据库中；根据规则 γ2，推出 E 成立，将 E 加入动态数据库中，根据规则 γ3，推出 F 成立，将 F 加入动态数据库中。由于 F 是求证的目标，结果成立，推理结束。

如果在推理过程中，有多个规则的前提同时成立，那么如何选择一个规则呢？这就是冲突消解问题。最简单的办法是按照规则的自然顺序，选择第一个前提被满足的规则执行。也可以对多个规则进行评估，哪个规则前提被满足的条件多，哪个规则优先执行；或者从规则的结论距离要推导的结论的远近来考虑。逆向推理又称反向推理，是逆向地使用规则，先将目标作为假设，查看是否有某个规则支持该假设，即规则的结论与假设是否一致，然后看结论与假设一致的规则的前提是否成立。如果前提成立（在动态数据库中进行匹配），则假设被验证，结论放入动态数据库中；否则将该规则的前提加入假设集中，一个一个地验证这些假设，直到目标假设被验证为止。由于逆向推理是从一组目标或假设出发，反向使用推理规则，以对其进行验证的推理，所以又称目标驱动的推理。

【例 9-2】在例 9-1 中，如何使用逆向推理推导出 F 成立？

首先将 F 作为假设，发现规则 γ3 的结论可以推导出 F，然后检验规则 γ3 的前提 E 是否成立。目前动态数据库中还没有记录 E 是否成立，由于规则 γ2 的结论可以推出 E，依次检验规则 γ2 的前提 C 和 D 是否成立。首先检验 C，由于 C 也没有在动态数据库中，再次找结论含有 C 的规则，找到规则 γ1，发现其前提 A、B 均成立（在动态数据库中），从而推出 C 成立，将 C 放入动态数据库中。再检验规则 γ2 的另一个前提条件 D，由于 D 在动态数据库中，所以 D 成立，从而规则 γ2 的前提全部被满足，推出 E 成立，并将 E 放入动态数据库中。由于 E 已经被推出成立，所以规则 γ3 的前提也成立了，从而最终推出目标 F 成立。

在逆向推理中也存在冲突消解问题，可采用与正向推理一样的方法解决。一般的逻辑推理都是确定性的，也就是说前提成立，结论一定成立。例如在几何定理证明中，如果两个同位角相等，则两条直线一定是平行的。但是在很多实际问题中，推理往往具有模糊性、不确定性。例如"如果阴天则可能下雨"，但人们都知道阴天不一定就会下雨，这就属于非确定性推理问题。关于非确定性推理问题，将在 9.3 节详细介绍。

9.2.2 一个简单的专家系统

这里给出一个简单的专家系统。

假设你是一位动物专家，可以识别各种动物。你的朋友小明周末带小孩去动物园游玩并见到了一个动物，小明不知道该动物是什么，于是给你打电话咨询，你们之间有了以下的对话：

> 你：你看到的动物有羽毛吗？
>
> 小明：有羽毛。
>
> 你：会飞吗？
>
> 小明：（经观察后）不会飞。
>
> 你：有长腿吗？
>
> 小明：没有。
>
> 你：会游泳吗？
>
> 小明：（看到该动物在水中）会。
>
> 你：颜色是黑白的吗？
>
> 小明：是。
>
> 你：这个动物是企鹅。

在以上对话中，当得知动物有羽毛后，你就知道了该动物属于鸟类，于是你提问是否会飞；当得知不会飞后，你开始假定这可能是鸵鸟，于是提问是否有长腿；在得到否定回答后，你马上想到了可能是企鹅，于是询问是否会游泳；然后为了进一步确认是否为企鹅，又问颜色是否为黑白的；得知是黑白的后，马上就确认该动物是企鹅。

人们也希望有一个动物识别专家系统能完成以上过程，通过与用户的交互，回答用户有关动物的问题。

为了实现这样的专家系统，首先要把有关识别动物的知识总结出来，并以计算机可以使用的形式存放在计算机中。可以用规则表示这些知识，为此，可以设计一些谓词以便表达知识。

首先是 same，表示动物具有某种属性，如可以用"same 有羽毛 yes"表示动物具有羽毛时为真。而 not same 与 same 相反，当动物不具有某种属性时为真，如"not same 会飞 yes"表示当动物不会飞时为真。现有如下格式：

```
（<规则名>
（if<前提>）
（then<结论>）==
```

如"如果有羽毛则是类鸟类"可以表示为：

```
（rule γ3
（if（same 有羽毛 yes））
（then（类鸟类））
```

其中，γ3 是规则名，（same 有羽毛 yes）是规则的前提，（类鸟类）是规则的结论。如果前提有多个条件，则将多个谓词并列即可。如"如果是类鸟类、不会飞、会游泳且是黑白色的则是企鹅"可以表示为：

```
（rule γ12
（if（same 类鸟类 yes）
（not same 会飞 yes）
（same 会游泳 yes）
（same 黑白色 yes）
（then（企鹅）））
```

也可以用（or<谓词><谓词>）表示"或"的关系。如"如果是类哺乳类且有蹄或者反刍则属于子类偶蹄类"可以表示为：

```
（rule γ6
（if（same 类哺乳类 yes）
（or（same 有蹄 yes）（same 反刍 yes）））
（then（子类偶蹄类）））
```

于是，可以总结出如下规则组成知识库：

```
（rule γ1
（if（same 有毛发 yes））
（then（类哺乳类）））
（rule γ2
（if（same 有奶 yes））
（then（类哺乳类）））
（rule γ3
（if（same 有羽毛 yes））
（then（类鸟类）））
```

```
(rule γ4
(if (same 会飞 yes))
(same 下蛋 yes)
(then (类鸟类)))
( rule γ5
(if (same 类哺乳类 yes)
(or ( same 吃肉 yes)(same 有大齿 yes))
(same 眼睛前视 yes)
(same 有爪 yes))
(then (子类食肉类)))
(rule γ6
(if (same 类哺乳类 yes)
(or ( same 有蹄 yes)(same 反刍 yes)))
(then (子类偶蹄类)))
( rule γ7
(if (same 子类食肉类 yes)
(same 黄褐色 yes)
(same 有暗斑点 yes))
(then (动物豹)))
(rule γ8
(if (same 子类食肉类 yes)
(same 黄褐色 yes)
(same 有黑条纹 yes)
(then (动物虎)))
( rule γ9
(if (same 子类偶蹄类 yes)
(same 有长腿 yes)
(same 有长颈 yes)
(same 黄褐色 yes)
(same 有暗斑点 yes))
(then (动物长颈鹿)))
(rule γ10
(if (same 子类偶蹄类 yes)
(same 有白色 yes)
(same 有黑条纹 yes))
(then (动物斑马)))
(rule γ11
(if (same 类鸟类 yes)
```

```
（ not same 会飞 yes ）
（ same 有长腿 yes ）
（ same 有长颈 yes ）
（ same 黑白色 yes ））
（ then（动物鸵鸟）））
（ rule γ12
（ if（same 类鸟类 yes ）
（ not same 会飞 yes ）
（ same 会游泳 yes ）
（ same 黑白色 yes ））
（ then（动物企鹅）））
（ rule γ13
（ if（same 类鸟类 yes ）
（ same 善飞 yes ））
（ then（动物信天翁）））
```

推理机是如何利用这些知识进行推理的呢？假设采用逆向推理进行求解。

首先，系统提出一个假设。由于一开始没有任何信息，系统只能把规则的结论部分（动物 x）含有的全部内容作为假设，并按照一定顺序进行验证。在验证的过程中，如果一个事实是已知的，例如已经在动态数据库中有记录，则直接使用该事实。动态数据库中的事实是在推理过程中由用户输入的或者是通过某个规则得到的结论。如果动态数据库中对该事实没有记录，则查看其是否是某个规则的结论，如果是某个规则的结论，则检验该规则的前提是否成立，实际上就是用该规则的前提作为子假设进行验证，是一个递归调用的过程；如果不是某个规则的结论，则向用户询问，事实由用户通过人机交互接口输入。在以上过程中，一旦某个结论得到了验证——由用户输入的事实或者是规则的前提成立推出的——就将该结果加入动态数据库中，直至在动态数据库中得到最终的结果（动物 x是什么）结束，或者推导不出任何结果结束。

假定系统首先提出的假设是鸵鸟。根据规则 γ11，需要验证其前提条件"是类鸟类、不会飞、有长腿、有长颈且黑白色"。首先验证"是类鸟类"，动态数据库中还没有相关信息，所以查找结论含有"类鸟类"的规则 γ3，其前提是"有羽毛"。该结果在动态数据库中也没有相关信息，也没有哪个规则的结论含有该结果，所以向用户询问是否有羽毛，用户回答"Yes"，得到该动物有羽毛的结论。由于规则 γ3 的前提只有这一个条件，所以由规则 γ3 得出该动物属于类鸟类，并将"是类鸟类"这个结果加入动态数据库中。规则 γ11 的第一个条件得到满足，接下来验证第二个条件"不会飞"。同样，动态数据库中没有记载，也没有哪个规则可以得到该结论，还是询问用户，得到回答"Yes"后，将"不会飞"加入动态数据库中。再验证"有长腿"，这时由于用户回答的是"No"，表示该动物没有长腿，"没有长腿"也被放入动态数据库中。由于"有长腿"得到了否定回答，所以规则 γ11 的前提不被满足，假设"鸵鸟"不能成立。系统再次提出新的假设，即该动物是"企鹅"。根据规则 γ12，要验证规则的前提条件"是类鸟类、不会飞、会游泳且黑白色"，由于动态数据库中已经记录了当前动物"是类鸟类""不会飞"，所以规则 γ12 的前两个条件均被满足。直接验证第三个条件"会游泳"和第四个条件"黑白色"，这两个条件都需要用户回答，在得到肯定的答案后得出结论——这个动物是企鹅。

如果把推理过程记录下来，则专家系统的解释器就可以根据推理过程对结果进行解释。例如用户可能会问"为什么不是鸵鸟？"，解释器可以回答：根据规则 γ11，鸵鸟具有长腿，而你回答该动物没有长腿，所以不是鸵鸟。如果问"为什么是企鹅？"，解释器可以回答：根据你的回答，该动物有羽毛，根据规则 γ3 可以得出该动物属于类鸟类；根据你的回答，该动物不会飞、会游泳、黑白色，则根据规则 γ12 可以得出该动物就是企鹅。

以上给出了一个简单的专家系统示例以及介绍了它是如何工作的，在实际的系统中可能要比这复杂得多。如何提高匹配速度以提高系统的工作效率？如何提出假设以便系统尽快地得出答案？这都是需要解决的问题。更重要的一点是，现实的问题和知识往往是不确定的，如何解决非确定性推理问题将在 9.3 节介绍。

9.3 非确定性推理

在前面给出的专家系统的简单示例中，每个规则都是确定性的，也就是说满足了什么条件，结果就一定是什么。用户给出的事实也是确定性的，如有羽毛就是有羽毛，会游泳就是会游泳。但现实生活中的很多实际问题是非确定性问题。例如，如果阴天则下雨。阴天就是一个非确定性的事件，是有些云彩就算阴天呢？还是乌云滚滚算阴天呢？即便是乌云滚滚也不一定就下雨，只是天阴得越厉害，下雨的可能性就越大，但不能说阴天就一定下雨。这就是非确定性问题，需要采用非确定性推理方法。

随机性、模糊性和不完全性均可导致非确定性。解决非确定性推理问题至少要解决以下几个问题。

（1）事实的表示。

（2）规则的表示。

（3）逻辑运算。

（4）规则运算。

（5）规则合成。

目前有不少非确定性推理方法，这些方法各有优缺点。下面以著名的专家系统 MYCIN 中使用的可信度（Certainty Factor，CF）方法为例进行说明。

9.3.1 事实的表示

事实 A 为真的可信度用 CF(A)表示，取值范围为[−1, 1]。当 CF(A)=1 时，表示 A 肯定为真；当 CF(A)=−1 时，表示 A 为真的可信度为−1，也就是 A 肯定为假。CF(A)＞0 表示 A 以一定的可信度为真；CF(A)＜0 表示 A 以一定的可信度为假，或者说 A 为真的可信度为 CF(A)，由于此时 CF(A)为负，实际上 A 为假；CF(A)=0 表示对 A 一无所知。在实际使用时，一般会给出一个绝对值比较小的区间，只要在这个区间就表示对 A 一无所知，这个区间一般取[−02, 0.2]，只要 CF 值在这个区间，就等同于 0。例如：

CF(阴天)=0.7，表示阴天的可信度为 0.7。

CF(阴天)= –0.7，表示阴天的可信度为–0.7，也就是晴天的可信度为 0.7。

9.3.2 规则的表示

具有可信度的规则表示为如下形式：

```
IF  A  THEN  B  CF(B, A)
```

其中，A 是规则的前提；B 是规则的结论；CF(B, A)是规则的可信度，又称规则的强度，表示当前提 A 为真时，结论 B 为真的可信度。同样，规则的可信度 CF(B, A)的取值范围也是[–1, 1]，取值大于 0 表示规则的前提和结论是正相关的，取值小于 0 表示规则的前提和结论是负相关的，即前提越成立则结论越不成立。

一个规则的可信度可以理解为当前提肯定为真时，结论为真的可信度。

例如，"IF 阴天 THEN 下雨 0.7"表示：如果阴天，则下雨的可信度为 0.7。

又如，"IF 晴天 THEN 下雨 –0.7"表示：如果晴天，则下雨的可信度为–0.7，即如果晴天，则不下雨的可能性为 0.7。

若规则的可信度 CF(B, A)=0，则表示规则的前提和结论之间没有任何相关性。

例如，"IF 上班 THEN 下雨 0"表示：上班和下雨之间没有任何联系。

同事实的表示一样，当规则的可信度落在区间[–0.2, 0.2]时，可信度等同于 0。规则的前提也可以是复合条件。

例如，"IF 阴天 and 湿度大 THEN 下雨 0.6"表示：如果阴天且湿度大，则下雨的可信度为 0.6。

9.3.3 逻辑运算

规则的前提可以是复合条件，复合条件可以通过逻辑运算表示。常用的逻辑运算有"与""或""非"，在规则中可以分别用"and""or""not"表示。在可信度方法中，具有可信度的逻辑运算规则如下：

```
①CF(A and B)=min{CF(A), CF(B)}
②CF(A or B)=max {CF(A), CF(B)}
③CF(not A)=-CF(A)
```

规则①表示"A and B"的可信度，等于 CF(A)和 CF(B)中小的一个。

规则②表示"A or B"的可信度，等于 CF(A)和 CF(B)中大的一个。

规则③表示"not A"的可信度，等于 A 的可信度的相反值。

例如，已知：

```
CF (阴天)=0.7
CF (湿度大)=0.5
```

则有：

```
CF(阴天 and 湿度大)=0.5
CF (阴天 or 湿度大)=0.7
CF (not 阴天)=-0.7
```

9.3.4 规则运算

前面提到过，规则的可信度可以理解为当规则的前提肯定为真时，结论的可信度。如果已知的事实不是肯定为真，如何从规则中得到结论的可信度呢？在可信度表示方法中，规则运算的规则一般按照如下方式。

已知：

```
IF  A  THEN  B CF(B, A)
CF(A)
```

则有：

```
CF(B)= max{0, CF(A)}×CF(B, A)
```

由于只有当规则的前提为真时，才有可能推出规则的结论，而前提为真意味着 CF(A)必须大于 0；CF(A)<0 的规则，意味着规则的前提不成立，不能从该规则推导出任何与结论 B 有关的信息。所以在可信度的规则运算中，通过 max{0, CF(A)}筛选出前提为真的规则，并通过规则前提的可信度 CF(A)与规则的可信度 CF(B, A)相乘的方式得到规则的结论 B 的可信度 CF(B)。如果一个规则的前提不为真，即 CF(A)<0，则通过该规则得到 CF(B)= 0，表示从该规则得不出任何与结论 B 有关的信息。注意，这里 CF(B)=0，只是表示通过该规则得不到任何与 B 有关的信息，并不表示对 B 一定一无所知，因为还有可能通过其他的规则推导出与 B 有关的信息。

例如，已知：

```
IF 阴天 THEN 下雨 0.7
CF (阴天)=0.5
```

则有：

```
CF(下雨)=0.5×0.7=0.35
```

即从该规则得到下雨的可信度为 0.35。

又如，已知：

```
IF 湿度大 THEN 下雨 0.7
CF (湿度大)= −0.5
```

则有：

```
CF(下雨)=0
```

即通过该规则得不到下雨的信息。

9.3.5 规则合成

通常情况下，得到同一个结论的规则不止一个，也就是说可能有多个规则得出同一个结论，但是从不同规则得到同一个结论的可信度可能并不相同。

例如，有以下两个规则：

```
IF 阴天 THEN 下雨 0.8
IF 湿度大 THEN 下雨 0.5
```

且已知：

```
CF(阴天)=0.5
CF(湿度大)=0.4
```

从第一个规则，可以得到：

```
CF1(下雨)=0.5×0.8=0.4
```

从第二个规则，可以得到：

```
CF2(下雨)=0.4×0.5=0.2
```

那么究竟 CF(下雨)应该是多少呢？这就是规则合成问题。

在可信度表示方法中，规则的合成计算如下。

设：从第一个规则得到 CF1(B)，从第二个规则得到 CF2(B)，则合成后的 CF(B)如下。

$CF(B)=CF1(B)+CF2(B)-CF1(B)\times CF2(B)$（当 CF1(B)、CF2(B)均大于 0 时）。

$CF(B)=CF1(B)+CF2(B)+CF1(B)\times CF2(B)$（当 CF1(B)、CF2(B)均小于 0 时）。

$CF1(B)+CF2(B)$，其他。

这样，上面的例子合成后的结果为：

```
CF(下雨)=0.4+0.2-0.4×0.2=0.52
```

如果是 3 个及 3 个以上的规则合成，则先将两个规则合成一个，再与第三个规则合成的办法，以此类推，实现多个规则的合成。

下面给出一个用可信度方法实现非确定性推理的例子。

已知：

```
γ1: IF  A1  THEN  B1 CF(B1, A1)=0.8
γ2: IF  A2  THEN  B1 CF(B1, A2)=0.5
γ3: IF  B1 and A3  THEN B2 CF(B2, B1 and A3)=0.8
CF(A1)=CF(A2)=CF(A3)=1
```

计算：CF(B1)，CF(B2)。

由 γ1 得到：

```
CF1(B1)=CF(A1)×CF(B1, A1)=0.8
```

由 γ2 得到：

```
CF2(B1)=CF(A2)×CF(B1, A2)=1×0.5=0.5
```

合成得到：

```
CF(B1)=CF1(B1)+CF2(B1)-CF1(B1)×CF2(B1)=0.8+0.5-0.8×0.5=0.9
```

CF(B1 and A3)=min{CF(B1), CF(A3)}=min {0.9, 1}=0.9

由 γ3 得到：

```
CF(B2)=CF( BI and A3)×CF( B2, B1andA3)=0.9×0.8=0.72
```

则有：

```
CF(B1)=0.9, CF(B2)=0.72
```

9.4 专家系统的应用

专家系统的一个特点是知识库与系统的其他部分分离，知识库与求解的问题领域密切相关，而推理机等则与具体领域无关，具有通用性。为此，人们开发了一些专家系统工具用于快速构造专家系统。

9.4.1　专家系统工具

借助之前开发好的专家系统，将描述领域知识的规则等从原有系统中"挖掉"，只保留其知识表示方法和与领域无关的推理机等部分，就得到了专家系统工具，这样的工具称为骨架型工具，因为它保留了原有系统的主要框架。最早的专家系统工具 EMYCIN（Empty MYCIN）就是一个典型的骨架型专家系统工具，从名称就可以看出它来自著名的专家系统 MYCIN。

骨架型专家系统工具具有使用简单、方便的特点，只需将具体的领域知识按照工具规定的格式表达出来就可以了，可以有效提高专家系统的构建效率。但是其灵活性不够，除了知识库，使用者不能改变其他任何东西。

另一种专家系统工具是语言型工具，它提供给用户的是构建专家系统所需要的基本机制，即除了知识库，使用者还可以使用系统提供的基本机制，根据需要构建具体的推理机等，使用起来更加灵活、方便，使用范围也更广泛。著名的 OPS5 就是这样的工具系统，它以产生式系统为基础，综合了通用的控制和表示机制，为用户提供建立专家系统所需要的基本功能。在 OPS5 中，预先没有设定任何符号的含义以及符号之间的关系，所有符号的含义以及它们之间的关系均可由用户定义。其推理机制、控制策略也作为一种知识对待，用户可以通过规则的形式影响推理过程。这样做的好处是构建系统更加灵活、方便，虽增加了构建专家系统的难度，但比起直接用计算机语言从头构建专家系统要方便得多。

9.4.2　专家系统应用现状

专家系统是最早走向实用的人工智能技术之一。

清华大学于 1996 年开发的一个市场调查报告自动生成专家系统也在某企业得到应用，该系统可以根据市场数据自动生成一份市场调查报告。该专家系统的知识库由两部分组成，一部分知识是有关市场数据分析的，来自企业的专业人员，系统根据这些知识对市场上相关产品的市场形势进行分析，包括市场行情、竞争态势、动态预测发展趋势等；另一部分知识是有关报告自动生成的，系统根据分析出的不同市场形势撰写出包含不同内容的图、文、表并茂的市场调查报告，并通过多种不同的语言生成报告。

著名的国际象棋计算机"深蓝"也可以归入专家系统，因为它使用了专家系统知识和搜索技术，通过搜索达到推理的目的。为了使"深蓝"具有更高水平，系统开发者聘请了多位国际象棋大师帮助整理知识。

相比于专家系统在其他领域的应用，医学是较早应用专家系统的领域，如著名的 MYCIN 就是一个帮助医生对血液感染者进行诊断和治疗的专家系统。我国也开发过一些中医诊断专家系统，如在总结著名中医专家关幼波先生的学术思想和临床经验的基础上研制的"关幼波治疗胃脘痛专家系统"等。在农业方面，专家系统也有很好的应用，在国家"863"计划的支持下，我国有针对性地开发出一系列适合我国不同地区生产条件的实用经济型农业专家系统，为农业工作者和农民提供方便、全面、实用的农业生产技术咨询和决策服务，包括蔬菜生产、果树管理、作物栽培、花卉栽培、畜禽饲养、水产养殖、牧草种植等多种不同类型的专家系统。

9.4.3　专家系统应用的局限性

专家系统虽然得到了很多不同程度的应用，但是仍然存在一些局限性，影响了专家系统的研制和使用。

首先，知识获取的瓶颈问题一直没有得到很好的解决，基本都是依靠人工总结专家经验从而获得知识。一方面专家是非常稀有的，专家知识很难获取；另一方面即便专家愿意帮助获取知识，但由于实际情况的复杂性，专家也很难总结出有效的知识。举一个简单的例子，很多人都会骑自行车，但不会骑自行车的人一上去就倒，看到你骑得很好，就好奇地向你询问：你为什么就可以灵活、自由地骑自行车而不倒呢？虽然你可以很好地骑自行车，但估计你也总结不出什么知识供他使用，这就是专家系统构建中遇到的知识获取的瓶颈问题，也是困扰专家系统使用的主要障碍之一。其次，知识库总是有限的，它不能包含所有的信息。人类的智能体现在可以从有限的知识中学习到模式和特征，虽然规则是死的，但人是活的。例如，知识驱动的专家系统模型只能运用已有知识库进行推理，无法学习到新的知识。在知识库涵盖的范围内，专家系统可能会很好地求解问题，但哪怕只是偏离一点点，性能就可能急剧下降甚至不能求解，暴露出系统的脆弱性。另外，知识驱动的专家系统只能描述特定的领域，不具有通用性，难以处理常识问题。知识是动态变化的，特别是在如今的大数据时代，面对多源异构的海量数据，通过人工或者半自动化设立规则的系统效率太低，难以应对知识的变化和更新。

9.5　实验与实践

本小节将通过 SenseStudy·AI 实验平台来完成 GPS 导航实验，介绍 GPS 导航、机器人行走等相关工作原理。

【实验】推荐系统

实验目标：通过实验搭建一个推荐系统。

具体实验步骤如下。

（1）打开并登录 SenseStudy·AI 实验平台，单击"教学平台实验列表"，选择并进入"推荐系统"实验界面。

（2）进入实验界面后，在积木块选择区中选择"行动"模块，单击模块中的"根据喜好＿获取推荐"积木块，如图 9-2 所示。

（3）根据系统中的问题，用户使用列表告知系统，自己是否对商品感兴趣。

（4）使用"行动"模块中的"获取问题"积木块来获取系统问题（系统一共询问了 6 个问题），如图 9-3 所示。

（5）积木块中的文本框的数目可以通过单击"－""＋"按钮进行删减或增加，每个文本中填写的内容是对应问题的答案，如图 9-4 所示。

（6）按图 9-5 所示组合积木块，其中"'n'"代表"No"，"'y'"代表"Yes"。

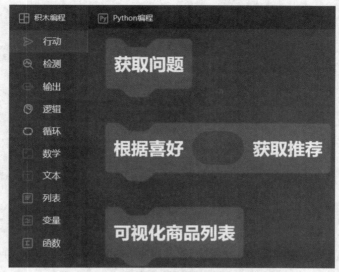

图 9-2　"行动"模块中的积木块

图 9-3　"获取问题"积木块

图 9-4　"-""+"按钮

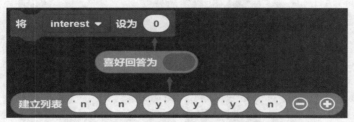

图 9-5　组合积木块

（7）系统会使用图 9-6 所示的"根据喜好 interest 获取推荐"积木块中的回答进行商品推荐，结果如图 9-7 所示。

图 9-6　获取目标商品

你是否对汽水感兴趣(y感兴趣，n不感兴趣)：

你是否对电脑感兴趣(y感兴趣，n不感兴趣)：

你是否对耳机感兴趣(y感兴趣，n不感兴趣)：

你是否对旅游鞋感兴趣(y感兴趣，n不感兴趣)：

你是否对学生书包感兴趣(y感兴趣，n不感兴趣)：

你是否对遥控小车感兴趣(y感兴趣，n不感兴趣)：

为你推荐了：运动裤

推荐类型属于：衣物

图9-7　推荐商品结果

（8）还可以将推荐出来的商品通过柱状图显示出来，对应的积木块如图9-8所示。

可视化商品列表

图9-8　"显示商品"积木块

（9）生成的柱状图如图9-9所示，纵坐标的"距离"可以理解为物品与用户之间的相似度，距离越近，推荐度分数越高。

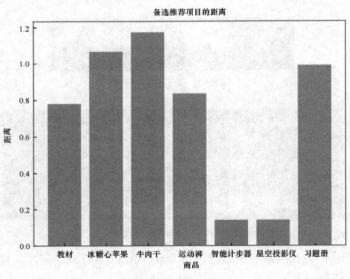

图9-9　柱状图

（10）实验效果展示。本实验通过上述操作步骤，实现的效果如图9-10所示。值得注意的是，虽然使用推荐算法能快速定位到所需的商品，但一味受制于推荐算法的=推荐会形成所谓的"信息茧房"效应（推荐系统使得每个人都能轻松获取自己所喜好的，失去了了解其他不同事物的能力和接触机会，不知不觉间为自己制造了一个信息茧房）。

你是否对汽水感兴趣(y感兴趣，n不感兴趣):

你是否对电脑感兴趣(y感兴趣，n不感兴趣):

你是否对耳机感兴趣(y感兴趣，n不感兴趣):

你是否对旅游鞋感兴趣(y感兴趣，n不感兴趣):

你是否对学生书包感兴趣(y感兴趣，n不感兴趣):

你是否对遥控小车感兴趣(y感兴趣，n不感兴趣):

为你推荐了:运动裤

推荐类型属于:衣物

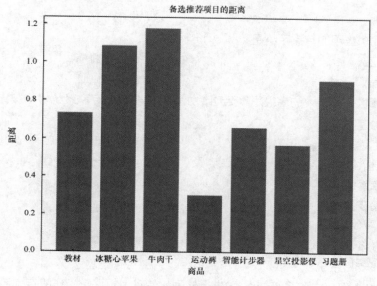

图 9-10　效果展示

本章小结

专家系统在人工智能历史上曾具有很高的地位，是符号主义的典型代表，也是最早可以应用的人工智能系统之一。专家系统强调知识的作用，通过整理人类专家的知识，让计算机像专家一样求解专业领域的问题。不同于一般的计算机软件系统，专家系统强调知识库与系统其他部分的分离，在系统构造完成后，只需强化知识库就可以提升系统的性能。推理机一般具有非确定性推理能力，这为求解现实问题打下了基础，因为现实中的问题绝大多数具有非确定性特性。对结果的可解释性也是专家系统的一大特色，它可以为用户详细解释得出结果的依据。但如何方便地获取知识成为专家系统使用的瓶颈问题。

课后习题

一、选择题

1. 下列哪部分不是专家系统的组成部分（　　　）。

    A. 用户   B. 综合数据库

    C. 推理机   D. 知识库

2. 负责对专家系统推理过程进行解释说明的模块是（　　　）。

    A. 知识库   B. 推理机

    C. 解释机构   D. 知识获取机构

3. （　　　）又称 MIS 系统。

    A. 数据处理系统   B. 决策支持系统

    C. 管理信息系统   D. 专家系统

4. 第一例专家系统是在（　　　）领域发挥作用的。

    A. 物理   B. 化学

    C. 数学   D. 生物

5. 第一个成功应用的专家系统是（　　　）。

    A. ELIZA   B. Dendral

    C. Xcon   D. Deepblue

6. 利用计算机来模仿人的高级思维活动，如智能机器人、专家系统等，被称为（　　　）。

    A. 自动控制   B. 科学计算

    C. 人工智能   D. 数据处理

7. DSS 是指（　　　）。

    A. 专家系统   B. 地理信息系统

    C. 决策支持系统   D. 经理信息系统

8. GIS 是指（　　　）。

    A. 专家系统   B. 地理信息系统

    C. 决策支持系统   D. 经理信息系统

9. 能对发生故障的对象(系统或设备)进行处理，使其恢复正常工作的专家系统是（　　　）。

    A. 修理专家系统   B. 诊断专家系统

    C. 调试专家系统   D. 规划专家系统

10. 下列哪部分不是专家系统的组成部分（　　　）。

    A. 用户   B. 综合数据库

    C. 推理机   D. 知识库

二、填空题

1. 常见的信息系统有_____、_____、_____、_____。

2. 专家信息的三要素为_____、_____、_____。

3. 列举三个特定领域的专家系统：_____、_____、_____。

4. 专家系统基于了_____技术。

5. 专家系统的产生和发展经历了_____期、_____期、_____期。

三、简答题

1. 专家系统由哪几个部分组成？各自的功能是什么？

2. 在非确定推理中，应该解决哪几个问题？

3. 专家系统中"解释"功能的作用是什么？